JN023837

第2版

テキスト

応用解析入門

石川恒男
服部哲也
鎌野　健
共　著

Complex Analysis

Differential Equation

Laplace Transform

Vector Analysis

Fourier Analysis

学術図書出版社

まえがき

本書は，理工系大学において1年次の微積分を習得した2年次以上の学生に対して，特に工学系の専門科目の学習で必要となる次の5つの分野を1冊の本にまとめたものである．

・第1章　複素解析

・第2章　微分方程式

・第3章　ラプラス変換

・第4章　ベクトル解析

・第5章　級数とフーリエ解析

それぞれの章は，約7回の講義で完結するように書かれている．約1年間でこれら5つの内容を広く学ぶことができるため，近年多くの工科系大学で行われている自然科学系基礎科目の整理統合に対応している．また，本書は授業用の教科書として用いられることを想定しており，通常の数学の教科書のような定理の証明や説明，実用例，問題の詳しい解答などが省かれ，各項目のまとめ，例題とその解答，問題から構成されている．したがって，理論的な事柄や発展的な話題に興味を感じる学生には少なからず物足りなさを感じるのかもしれないと思う．その場合は，図書館などで証明の記載のある教科書を参照することをお勧めする．

最後に，出版に際してお世話になった学術図書出版社の高橋秀治氏に心から感謝いたします．

著者しるす

目　　次

第 1 章

複素解析

1.1　複素数

方程式 $x^2 = -1$ の解を 1 つ考え，それを**虚数単位**といい，記号 i で表す．

$$z = a + ib \qquad (a, b \in \boldsymbol{R})$$

の形の数を**複素数**という．複素数で実数でないものを**虚数**という．

【定理 1.1】　実数 a, b, c, d に対して，次の式が成り立つ．

(1)　$(a + ib) \pm (c + id) = (a \pm c) + i(b \pm d)$

(2)　$(a + ib)(c + id) = (ac - bd) + i(ad + bc)$

(3)　$\dfrac{a + ib}{c + id} = \dfrac{(ac + bd) + i(-ad + bc)}{c^2 + d^2} \quad ((c, d) \neq (0, 0))$

自然数 n に対して，

$$z^n = \overbrace{z \cdots z}^{n\text{ 個}}, \quad z^0 = 1, \quad z^{-n} = \frac{1}{z^n}$$

例題 1.1　次の計算をせよ．

(1) $(1 + 4i) + (3 + 2i)$　(2) $(1 + 4i) - (3 + 2i)$　(3) $(1 + 4i)(3 + 2i)$

(4) $\dfrac{1 + 4i}{3 + 2i}$　(5) $(2 + i)^2$　(6) $(2 + i)^{-1}$

「解」(1) $(1 + 4i) + (3 + 2i) = 4 + 6i$

(2) $(1 + 4i) - (3 + 2i) = -2 + 2i$

(3) $(1 + 4i)(3 + 2i) = 3 + 2i + 12i + 8i^2 = 3 - 8 + (2 + 12)i = -5 + 14i$

(4) $\dfrac{1+4i}{3+2i} = \dfrac{(1+4i)(3-2i)}{(3+2i)(3-2i)} = \dfrac{11+10i}{9+4} = \dfrac{11}{13} + \dfrac{10}{13}i$

(5) $(2+i)^2 = (2+i)(2+i) = 3+4i$

(6) $(2+i)^{-1} = \dfrac{1}{2+i} = \dfrac{2-i}{5}$

【問題 1.1】 次の計算をせよ．

(1) $(4+i)+(-2+3i)$　(2) $(4+i)-(-2+3i)$　(3) $(3+2i)+(1-3i)$
(4) $3i(1-2i)$　(5) $(1+i)(3+2i)$　(6) $(2+i)(1+2i)$
(7) $(3+2i)^2$　(8) $\dfrac{4+5i}{3+i}$　(9) $\dfrac{2+i}{4-i}$
(10) $(2i)^5$

$z = x + iy$ に対して，

$\mathrm{Re}\, z = x$（z の実部），　$\mathrm{Im}\, z = y$（z の虚部）
$\overline{z} = x - iy$（z の共役）

【定理 1.2】

(1)　$\mathrm{Re}\, z = \dfrac{z+\overline{z}}{2}$，　$\mathrm{Im}\, z = \dfrac{z-\overline{z}}{2i}$．

(2)　$\overline{z_1 \pm z_2} = \overline{z_1} \pm \overline{z_2}$，　$\overline{z_1 z_2} = \overline{z_1}\ \overline{z_2}$．

例題 1.2　$z = 4+3i$ に対し，$\mathrm{Re}\, z$, $\mathrm{Im}\, z$, $\overline{z}$ を求めよ．

「解」$\mathrm{Re}\, z = 4$,　$\mathrm{Im}\, z = 3$,　$\overline{z} = 4-3i$

【問題 1.2】 次の計算をせよ．

(1) $\overline{5+3i}$　(2) $(3+2i)(\overline{1+i})$　(3) $(\overline{2-i})(\overline{1+i})$

【問題 1.3】 次の複素数 z について，$\mathrm{Re}\, z$ と $\mathrm{Im}\, z$ を求めよ．

(1) $z = 3+5i$　(2) $z = 2i$　(3) $z = \overline{5+i}$
(4) $z = i(3+i)$　(5) $z = (1-i)^2$　(6) $z = \dfrac{i}{1+3i}$

【問題 1.4】 複素数 z に対し，$\mathrm{Re}\, z = \dfrac{z+\overline{z}}{2}$，$\mathrm{Im}\, z = \dfrac{z-\overline{z}}{2i}$ であることを示せ．

【問題 1.5】 複素数 z に対し，$\overline{z} = z$ が成り立つとき，z は実数であることを示せ．

1.2　複素平面

$z = x + iy$ を，xy 平面の点 (x, y) に対応させたものを**複素平面**という．このとき，x 軸を**実軸**，y 軸を**虚軸**という．次の記法を導入する．

$$e^{i\theta} = \cos\theta + i\sin\theta \quad \text{(オイラーの公式)}$$

複素数 $z = x + iy$ は，原点からの距離 r と，x 軸の正の方向とのなす角 θ を用いて

$$z = r(\cos\theta + i\sin\theta) = re^{i\theta}$$

と表せる．この表示を**極形式**という．r を z の**絶対値**といい，$|z|$ と表す．θ を z の**偏角**といい，$\arg z$ と表す．偏角を $-\pi < \arg z \leqq \pi$ の範囲でとったものを偏角の**主値**といい，$\operatorname{Arg} z$ と表す．

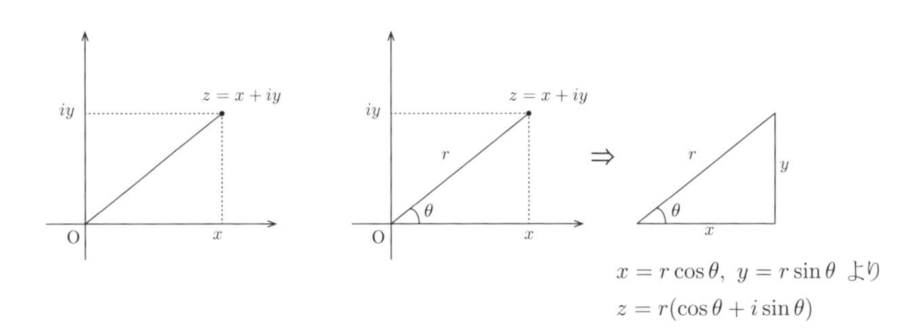

$x = r\cos\theta,\ y = r\sin\theta$ より
$z = r(\cos\theta + i\sin\theta)$

例題 1.3　次の複素数 z を，$re^{i\theta}$ の形で表せ．ただし，$r \geqq 0,\ -\pi < \theta \leqq \pi$ とする．

(1) $z = 1 + i$　　　(2) $z = -2 + i$

……………………………………………………………………………………

「解」(1) $|z| = \sqrt{1^2 + 1^2} = \sqrt{2}$ であるから，

$z = \sqrt{2}\left(\frac{1}{\sqrt{2}} + i\frac{1}{\sqrt{2}}\right) = \sqrt{2}\left(\cos\frac{\pi}{4} + i\sin\frac{\pi}{4}\right) = \sqrt{2}e^{\frac{\pi}{4}i}$ である．

(2) $|z| = \sqrt{(-2)^2 + 1^2} = \sqrt{5}$ であるから，

$z = \sqrt{5}\left(-\frac{2}{\sqrt{5}} + i\frac{1}{\sqrt{5}}\right) = \sqrt{5}\left(\cos\alpha + i\sin\alpha\right) = \sqrt{5}e^{\alpha i}$ である．

ただし，$\alpha = \cos^{-1}\left(-\frac{2}{\sqrt{5}}\right)$ である．

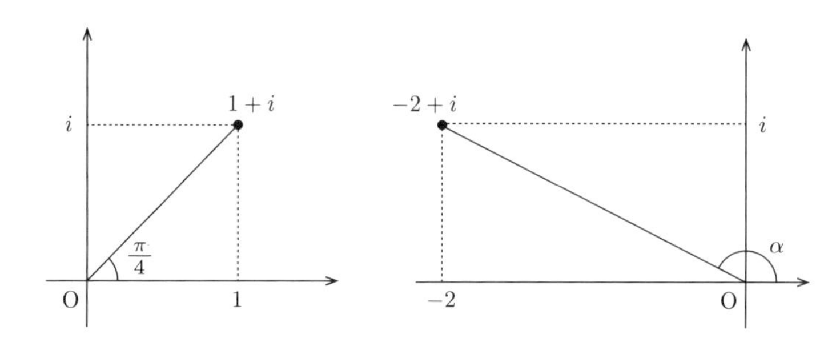

【問題 1.6】　次の複素数 z を，複素平面上に図示せよ．また，$|z|$ の値を求めよ．

(1) $z=-5+3i$　(2) $z=4-i$　(3) $z=-3-2i$
(4) $z=-5i$　(5) $z=2i(2-i)$　(6) $z=(1-i)(2+i)$
(7) $z=\overline{4+2i}$　(8) $z=(3+i)(\overline{3+i})$

【問題 1.7】　次の複素数を，$re^{i\theta}$ の形にせよ．ただし，$r \geqq 0$, $-\pi<\theta\leqq\pi$ とする．

(1) $1-i$　(2) $-1+\sqrt{3}i$　(3) $3+\sqrt{3}i$
(4) $-5i$　(5) -3　(6) $3+2i$

【問題 1.8】　次の複素数を，$x+iy$ $(x, y\in \boldsymbol{R})$ の形にせよ．

(1) $2e^{\frac{\pi}{3}i}$　(2) $e^{-\frac{\pi}{2}i}$　(3) $\sqrt{5}e^{\frac{3\pi}{4}i}$　(4) $2e^{\pi i}$　(5) $4e^{\frac{\pi}{4}i}$　(6) $2e^{i}$

【定理 1.3】　複素数 z, z_1, z_2 に対して，次式が成り立つ．

(1) $|\overline{z}|=|z|$

(2) $z\overline{z}=|z|^2$

(3) $|z_1z_2|=|z_1||z_2|$,　$\left|\dfrac{z_1}{z_2}\right|=\dfrac{|z_1|}{|z_2|}$　$(z_2\neq 0)$

(4) $|z^n|=|z|^n$　(n は整数)

例題 1.4　$z=2+i$ とする．

(1) z^2 を計算し，それより $|z^2|$ を求めよ．

(2) $|z|$ を計算し，それより $|z|^2$ を求めよ．

(3) $|z^2|=|z|^2$ が成り立つことを確認せよ．

「解」(1) $z^2=(2+i)^2=3+4i$ である．$|z^2|=\sqrt{3^2+4^2}=5$

(2) $|z|=\sqrt{2^2+1^2}=\sqrt{5}$ である．$|z|^2=(\sqrt{5})^2=5$

(3) (1) と (2) の結果が一致するので，$|z^2|=|z|^2$ が成り立つことが確認できた．

【問題 1.9】 $z = 1 + i$ のとき，$|z^{20}|$ を求めよ．

【問題 1.10】 複素数 z について，$\mathrm{Re}\, z \leqq |z|$，$\mathrm{Im}\, z \leqq |z|$ が成り立つことを証明せよ．

【問題 1.11】 $z = re^{i\theta}$ のとき，$\overline{z}$ を r と θ で表せ．

【定理 1.4】 複素数 $z_1 = r_1 e^{i\theta_1}$, $z_2 = r_2 e^{i\theta_2}$ に対して，

$$z_1 z_2 = r_1 r_2 e^{i(\theta_1 + \theta_2)}$$

＊ この定理より，2つの複素数を掛けると，絶対値はそれぞれの絶対値の積，偏角はそれぞれの偏角の和になる．

例題 1.5 複素平面上の点 z に対して，iz はどのような位置にある点か説明せよ．また，複素数 $(1+i)(-1+i)$ を極形式を用いて計算せよ．

「解」$i = e^{\frac{\pi}{2}i}$ は絶対値が 1, 偏角が $\frac{\pi}{2}$ であるから，i を掛けると原点を中心に $\frac{\pi}{2}$ だけ回転する．よって，iz は原点を中心に z を $\frac{\pi}{2}$ だけ回転させた点である．

また，$(1+i)(-1+i) = \sqrt{2}e^{\frac{\pi}{4}i}\sqrt{2}e^{\frac{3\pi}{4}i} = \sqrt{2}\sqrt{2}e^{(\frac{\pi}{4}+\frac{3\pi}{4})i} = 2e^{\pi i} = -2$

例題 1.6 $z^3 = 1$ となる複素数 z をすべて求めよ．

「解」$z = re^{i\theta}$ $(-\pi < \theta \leqq \pi)$ とおく．$z^3 = r^3 e^{3i\theta}$ なので，$z^3 = 1$ になるには，$r^3 = 1$, $3\theta = 2n\pi$ $(n \in \boldsymbol{Z})$ となればよい．$r^3 = 1$ より，$r = 1$ である．また，$\theta = \frac{2}{3}n\pi$ であるが，$-\pi < \theta \leqq \pi$ より，$\theta = 0, \pm\frac{2}{3}\pi$ である．よって z は e^0 と $e^{\pm\frac{2}{3}\pi i}$，つまり $z = 1$, $-\frac{1}{2} \pm \frac{\sqrt{3}}{2}i$ である．なおこれらは単位円をちょうど 3 等分する 3 点である．

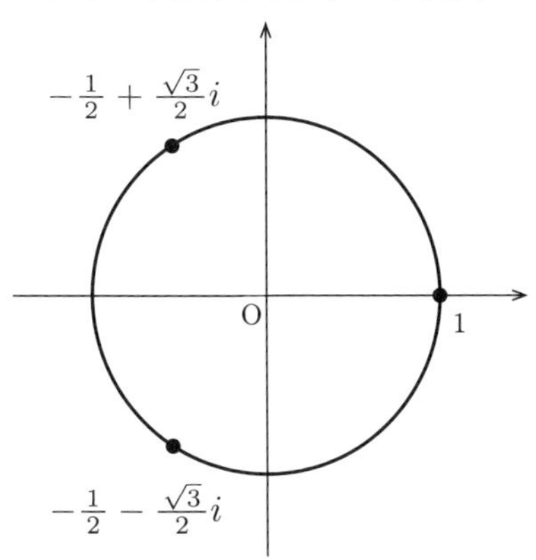

【問題 1.12】 次の複素数を $x+iy$ $(x, y \in \boldsymbol{R})$ の形で表せ．

(1) $(\cos\frac{\pi}{4}+i\sin\frac{\pi}{4})^3$　(2) $(\cos\frac{\pi}{3}+i\sin\frac{\pi}{3})^5$

(3) $(\cos 40^\circ + i\sin 40^\circ)^6$　(4) $(-\frac{1}{\sqrt{2}}+\frac{1}{\sqrt{2}}i)^4$　(5) $(\frac{1}{2}-\frac{\sqrt{3}}{2}i)^4$

【問題 1.13】 次の複素数 z に対して，$\mathrm{Arg}\ z$ を求めよ．

(1) $z=1-i$　(2) $z=-1-\sqrt{3}i$　(3) $z=2i$　(4) $z=6$

(5) $z=-3-3i$　(6) $z=\overline{1+i}$　(7) $z=i(1+\sqrt{3}i)$

【問題 1.14】 $z=1+i$，$w=-1+i$ のとき，次の値を求めよ．

(1) $\mathrm{Arg}\, z$　(2) $\mathrm{Arg}\, w$　(3) $\mathrm{Arg}\,(zw)$　(4) $\mathrm{Arg}\,\dfrac{w}{z}$

(5) $\mathrm{Arg}\,(z^2 w)$　(6) $\mathrm{Arg}\,\dfrac{w^5}{z^4}$

【問題 1.15】 $z^4=1$ となる複素数 z をすべて求めよ．

【問題 1.16】 $z=1+\sqrt{3}i$，$w=1-i$ とする．

(1) z, w を $re^{i\theta}$ $(r>0, -\pi<\theta\leqq\pi)$ の形にせよ．

(2) z^{10} と w^{10} を $x+iy$ $(x, y\in\boldsymbol{R})$ の形で求めよ．

【問題 1.17】 複素平面において，原点，$3+i$, $x+iy$ $(x, y\in\boldsymbol{R})$ の3点が正三角形を作るとき，x と y の値を求めよ．

1.3　複素関数と複素微分

複素数から複素数へ対応させる関数を**複素関数**という．複素関数 $f(z)$ は，$f(z)=u(x,y)+iv(x,y)$ $(z=x+iy)$ とおけば，実数の2変数関数 $u(x,y)$, $v(x,y)$ により定まる．

例題 1.7 複素関数 $f(z)=z^2$ について，次の問いに答えよ．

(1) $f(1+i)$ を求めよ．

(2) $f(z)=u(x,y)+iv(x,y)$ とするとき，$u(x,y)$, $v(x,y)$ を求めよ．

「解」(1) $f(1+i)=(1+i)^2=2i$

(2) $z=x+iy$ のとき，$f(z)=(x+iy)^2=x^2-y^2+2xyi$ であるから，

$u(x,y)=x^2-y^2$, $v(x,y)=2xy$ である．

【問題 1.18】 (1) $f(z)=z^2+z$ のとき，$f(1-i)$ の値を求めよ．

(2) $f(z)=|z|+\mathrm{Im}\, z$ のとき，$f(3+2i)$ の値を求めよ．

(3) $f(z)=\overline{z}+\overline{z+3i}$ のとき，$f(1-2i)$ の値を求めよ．

【問題 1.19】　$z=x+iy$ とする．次の関数 $f(z)$ を $f(z)=u(x,y)+iv(x,y)$ と書くとき，$u(x,y)$ と $v(x,y)$ を求めよ．

(1) $f(z)=\dfrac{1}{z}$　(2) $f(z)=2z+\overline{3z}$　(3) $f(z)=z^3$　(4) $f(z)=\mathrm{Re}\,z$

(5) $f(z)=\mathrm{Im}\,z$　(6) $f(z)=z^2+z$　(7) $f(z)=\dfrac{\overline{z}}{z}$　(8) $f(z)=\dfrac{1}{z+1}$

(9) $f(z)=|z|^2$

複素数 z が z_0 に近づくとき，$f(z)$ がある値 w に限りなく近づくとする．このとき，w を $f(z)$ の $z\to z_0$ のときの**極限値**または**極限**といい，

$$\lim_{z\to z_0} f(z)=w \quad \text{または} \quad f(z)\to w \ \ (z\to z_0)$$

と表す．

＊ z の近づき方によって $f(z)$ の近づく値が異なるときは，極限は存在しないとする．

例題 1.8　次の極限を求めよ．

(1) $\displaystyle\lim_{z\to 1}\frac{z^2-1}{z-1}$　(2) $\displaystyle\lim_{z\to 0}\frac{\overline{z}}{z}$

………………………………………………………………………………

「解」(1) $\displaystyle\lim_{z\to 1}\frac{z^2-1}{z-1}=\lim_{z\to 1}(z+1)=2$

(2) 極限は存在しない．実際に，$z=x+iy$ に対して，

$$\lim_{y\to 0}\lim_{x\to 0}\frac{\overline{z}}{z}=\lim_{y\to 0}\frac{-iy}{iy}=-1, \qquad \lim_{x\to 0}\lim_{y\to 0}\frac{\overline{z}}{z}=\lim_{x\to 0}\frac{x}{x}=1$$

近づけ方によって近づく値が異なるので，$\displaystyle\lim_{z\to 0}\frac{\overline{z}}{z}$ は存在しない．

【問題 1.20】　次の極限を求めよ．

(1) $\displaystyle\lim_{z\to 1}\frac{z^2+z-2}{z-1}$　(2) $\displaystyle\lim_{z\to i}\frac{z^2-zi}{z^2+1}$　(3) $\displaystyle\lim_{z\to 2i}\frac{z^2+4}{z-2i}$　(4) $\displaystyle\lim_{z\to 0}\frac{z}{|z|}$

複素関数 $f(z)$ と複素数 z_0 に対して，

$$f'(z_0)=\lim_{\Delta z\to 0}\frac{f(z_0+\Delta z)-f(z_0)}{\Delta z}$$

が存在するとき，$f(z)$ は z_0 で**微分可能**という．$f(z)$ が領域 D のすべての点で微分可能であるとき，$f(z)$ は D で**正則**という．また，点 z_0 と適当な $\varepsilon>0$

に対して，$|z-z_0|<\varepsilon$ となるすべての z で微分可能であるとき，$f(z)$ は z_0 で正則という．

* 複素平面上の集合 D のどの2点もその集合に含まれる曲線で結べるとき，D を連結集合という．複素数 α と $r>0$ に対して，$|z-\alpha|<r$ となる複素数 z の集合を α の近傍といい，連結集合 D の各点において，ある近傍が D に含まれるとき，D を**領域**という．

【定理 1.5】　$f(z), g(z)$ が領域 D で正則のとき，次の等式が成り立つ．

(1)　$(\alpha f(z)+\beta g(z))' = \alpha f'(z)+\beta g'(z)$　　(α, β：定数)

(2)　$(f(z)g(z))' = f'(z)g(z)+f(z)g'(z)$

(3)　$\left(\dfrac{f(z)}{g(z)}\right)' = \dfrac{f'(z)g(z)-f(z)g'(z)}{\{g(z)\}^2}$　　($g(z)\neq 0$)

【問題 1.21】　$f(z)=z^3$ の導関数が $f'(z)=3z^2$ になることを，導関数の定義から導け．

【問題 1.22】　次の関数を微分せよ．

(1) $f(z)=z^2+3z$　　(2) $f(z)=(2z+3)^4$　　(3) $f(z)=\dfrac{z^3+z^2+z+1}{z}$

(4) $f(z)=\dfrac{z}{z^2+1}$

【問題 1.23】　(1) $\displaystyle\lim_{x\to 0}\lim_{y\to 0}\frac{\mathrm{Re}(x+iy)}{x+iy}$ と $\displaystyle\lim_{y\to 0}\lim_{x\to 0}\frac{\mathrm{Re}(x+iy)}{x+iy}$ の値をそれぞれ求めよ．

(2) (1) の結果を用いて，$f(z)=\mathrm{Re}\,z$ はすべての点で微分可能でないことを示せ．

1.4　コーシー（Cauchy）・リーマン（Riemann）の方程式

2変数関数 $u(x,y)$, $v(x,y)$ に対して，

$$\frac{\partial u}{\partial x}=\frac{\partial v}{\partial y},\qquad \frac{\partial u}{\partial y}=-\frac{\partial v}{\partial x}\qquad (u_x=v_y,\quad u_y=-v_x)$$

を，**コーシー・リーマンの方程式**という．

【定理 1.6】 $f(z) = u(x,y) + iv(x,y)$ が $z = x_0 + iy_0$ で正則であるとき，$u(x,y)$ と $v(x,y)$ は点 (x_0, y_0) でコーシー・リーマンの方程式を満たす．

例題 1.9 $u(x,y) = xy,\ v(x,y) = \frac{y^2 - x^2}{2}$ がコーシー・リーマンの方程式を満たすことを確認せよ．

「解」$u_x = y,\ u_y = x,\ v_x = -x,\ v_y = y$ より，$u_x = v_y,\ u_y = -v_x$ を満たす．

【問題 1.24】 $u(x,y) = e^x \sin y,\quad v(x,y) = -e^x \cos y$ がコーシー・リーマンの方程式を満たすことを確認せよ．

【問題 1.25】 次の関数 $f(z)$ を $f(z) = u(x,y) + iv(x,y)$ と書くとき，$u(x,y)$ と $v(x,y)$ はコーシー・リーマンの方程式を満たすかどうか答えよ．

(1) $f(z) = (z+1)^2$　(2) $f(z) = z^3$　(3) $f(z) = \dfrac{1}{z}$

(4) $f(z) = -\overline{z}$　(5) $f(z) = \mathrm{Re}\, z$　(6) $f(z) = \mathrm{Im}\, z$

【定理 1.7】 $f(z) = u(x,y) + iv(x,y)$ とする．領域 D で $u(x,y)$ と $v(x,y)$ が

(i)　偏微分可能で，すべての偏導関数が連続である

(ii)　コーシー・リーマンの方程式を満たす

を満たすとき，$f(z)$ は D で正則である．

例題 1.10 コーシー・リーマンの方程式を使って，$f(z) = z^2$ がすべての点で正則であることを示せ．

「解」$f(z) = z^2$ のとき，$u(x,y) = x^2 - y^2,\ v(x,y) = 2xy$ である．$u_x = v_y = 2x$，$u_y = -v_x = -2y$ でどちらも連続である．よって $f(z)$ はすべての点で正則である．

【問題 1.26】 前問題の結果を使って，次の関数の正則である点を求めよ．

(1) $f(z) = (z+1)^2$　(2) $f(z) = z^3$　(3) $f(z) = \dfrac{1}{z}$

(4) $f(z) = -\overline{z}$　(5) $f(z) = \mathrm{Re}\, z$　(6) $f(z) = \mathrm{Im}\, z$

【定理 1.8】 $f(z) = u(x,y) + iv(x,y)$ について，領域 D において $f(z)$ が正則で u と v の 2 階までの偏導関数が連続であるとき，u, v は次の式を満たす．

$$\frac{\partial^2 u}{\partial x^2}+\frac{\partial^2 u}{\partial y^2}=0,\qquad \frac{\partial^2 v}{\partial x^2}+\frac{\partial^2 v}{\partial y^2}=0$$

一般に，2変数関数 $f(x,y)$ に対して，

$$\frac{\partial^2 f}{\partial x^2}+\frac{\partial^2 f}{\partial y^2}=0 \quad (これを\ \Delta f=0\ と表す)$$

を**ラプラスの方程式**といい，その解を**調和関数**という．調和関数 $u(x,y)$ に対して，$u(x,y)$ と $v(x,y)$ がコーシー・リーマンの方程式を満たすような関数 $v(x,y)$ を $u(x,y)$ の**共役調和関数**という．

例題 1.11 (1) $u(x,y)=x^2-y^2$ は調和関数であることを示せ．
(2) $u(x,y)=x^2-y^2$ の共役調和関数 $v(x,y)$ を求めよ．

「解」(1) $\dfrac{\partial^2 u}{\partial x^2}+\dfrac{\partial^2 u}{\partial y^2}=2-2=0$ であるから，$u(x,y)$ は調和関数である．

(2) $\dfrac{\partial u}{\partial x}=2x,\ \dfrac{\partial u}{\partial y}=-2y$ より，

$$\frac{\partial v}{\partial y}=2x,\quad \frac{\partial v}{\partial x}=2y$$

が成り立てばよい．最初の式から，$v=2xy+p(x)$ と書ける (p は任意の関数)．これより $\dfrac{\partial v}{\partial x}=2y+p'(x)$ であるが，2番目の式から，$p'(x)=0$ である．よって $p(x)=C$ (定数) なので，$v(x,y)=2xy+C$ となる．

【問題 1.27】 次の関数 $u(x,y)$ は，調和関数かどうか調べよ．

(1) $u(x,y)=xy$　(2) $u(x,y)=e^x\sin y$

(3) $u(x,y)=x^2+y^2$　(4) $u(x,y)=\ln(x^2+y^2)$

【問題 1.28】 次の調和関数 $u(x,y)$ の共役調和関数 $v(x,y)$ を求めよ．

(1) $u(x,y)=e^x\cos y$　(2) $u(x,y)=x^3y-xy^3$

(3) $u(x,y)=x^4-6x^2y^2+y^4$

1.5　指数関数・三角関数

複素数 $z = x + iy$ に対し，

$$e^z = e^x e^{iy} = e^x(\cos y + i \sin y)$$

と定める．これを**指数関数**という．

* 指数関数 e^z を $\exp z$ と表すこともある．

例題 1.12　次の値を求めよ．　(1) e^0　　(2) $e^{1+\frac{\pi}{2}i}$

「解」(1) $e^0 = e^0(\cos 0 + i \sin 0) = 1$　　(2) $e^{1+\frac{\pi}{2}i} = e^1(\cos\frac{\pi}{2} + i \sin\frac{\pi}{2}) = ei$

【問題 1.29】　次の値を $x + iy$ $(x, y \in \boldsymbol{R})$ の形にせよ．

(1) $e^{1-\pi i}$　(2) $e^{-3+\frac{\pi}{6}i}$　(3) $e^{-\frac{\pi}{4}i}$　(4) $e^{4+\frac{3\pi}{2}i}$

(5) $\overline{e^{3-\frac{\pi}{3}i}}$　(6) $e^{1+\frac{\pi}{2}i}e^{2+\frac{3\pi}{2}i}$　(7) $e^{\frac{\pi}{2}i}e^{1+\frac{\pi}{2}i}$　(8) $e^{4+100\pi i}$

(9) $\dfrac{1}{e^{2+\pi i}}$

【問題 1.30】　複素数 z に対して，次のことを証明せよ．

(1) $e^{\overline{z}} = \overline{e^z}$　　(2) $e^z \neq 0$

【定理 1.9】　複素数 z, z_1, z_2 に対して，次の式が成り立つ．

(1) $e^{z_1}e^{z_2} = e^{z_1+z_2}$

(2) $e^{-z} = \dfrac{1}{e^z}$

(3) $|e^z| = e^{\mathrm{Re}\, z}$,　$\arg e^z = \mathrm{Im}\, z$

(4) $e^z = e^{z+2n\pi i}$ $(n \in \boldsymbol{Z})$

(5) $(e^z)' = e^z$

例題 1.13　$e^z = 2$ を満たす複素数 z をすべて求めよ．

「解」$z = x + iy$ とすると，$e^z = e^x(\cos y + i \sin y)$ である．$|e^z| = e^x = 2$ より，$x = \ln 2$ である．また，$\cos y + i \sin y = 1$ より，$y = 2n\pi$ $(n \in \boldsymbol{Z})$ である．よって，$z = \ln 2 + 2n\pi i$ $(n \in \boldsymbol{Z})$ である．

* ln は，実関数としての自然対数を表している．

【問題 1.31】 (1) $e^z = 1$ を満たす複素数 z をすべて求めよ．
(2) $e^z = 3$ を満たす複素数 z をすべて求めよ．
(3) $e^z = -1 - i$ を満たす複素数 z をすべて求めよ．

【問題 1.32】 (1) $e^z = u(x,y) + iv(x,y)$ と表すとき，$u(x,y)$ と $v(x,y)$ を求めよ．
(2) (1) で求めた $u(x,y)$ と $v(x,y)$ が，コーシー・リーマンの方程式を満たすことを確認せよ．

複素数 z に対して，

$$\cos z = \frac{e^{iz} + e^{-iz}}{2} \qquad \sin z = \frac{e^{iz} - e^{-iz}}{2i}$$
$$\tan z = \frac{\sin z}{\cos z} = \frac{1}{i}\frac{e^{iz} - e^{-iz}}{e^{iz} + e^{-iz}}$$

と定める．これらを**三角関数**という．

* 実数 θ に対して，$e^{i\theta} = \cos\theta + i\sin\theta$, $e^{-i\theta} = \cos\theta - i\sin\theta$ なので，$\cos\theta = \dfrac{e^{i\theta} + e^{-i\theta}}{2}$ と表すことができる．このように，z が実数のとき，上で定めた三角関数は通常の三角関数に一致する．

例題 1.14 次の値を求めよ．

(1) $\cos i$　　(2) $\sin(\pi + i)$

「解」(1) $\cos i = \dfrac{e^{i\cdot i} + e^{-i\cdot i}}{2} = \dfrac{e^{-1} + e}{2}$　(2) $\sin(\pi + i) = \dfrac{1}{2i}\left(e^{i(\pi+i)} - e^{-i(\pi+i)}\right)$

$$= \frac{1}{2i}\left(e^{-1+\pi i} - e^{1-\pi i}\right) = \frac{1}{2i}\left(-e^{-1} + e\right) = -\frac{i}{2}\left(e - e^{-1}\right)$$

【問題 1.33】 次の値を求めよ．(e^{x+iy} の形はそのままでよい)

(1) $\sin(3i)$　(2) $\cos(3i)$　(3) $\sin(1+i)$　(4) $\cos(1+i)$

(5) $\sin\left(\dfrac{\pi}{2} + 2i\right)$　(6) $\cos\left(\dfrac{\pi}{2} + 2i\right)$　(7) $\sin(3+2i)$　(8) $\cos(3+2i)$

(9) $\tan(3i)$　(10) $\tan\left(\dfrac{\pi}{2} + 2i\right)$

【定理 1.10】 (1) $\cos^2 z + \sin^2 z = 1$

(2) $\sin(z_1 + z_2) = \sin z_1 \cos z_2 + \cos z_1 \sin z_2$

(3) $\cos(z_1 + z_2) = \cos z_1 \cos z_2 - \sin z_1 \sin z_2$

(4) $\sin(z + 2n\pi) = \sin z, \quad \cos(z + 2n\pi) = \cos z \quad (n \in \boldsymbol{Z})$

(5) $\sin(-z) = -\sin z, \quad \cos(-z) = \cos z$

【定理 1.11】 $(\sin z)' = \cos z \qquad (\cos z)' = -\sin z \qquad (\tan z)' = \dfrac{1}{\cos^2 z}$

【問題 1.34】 複素数 z に対して，次の式を証明せよ．

(1) $\cos^2 z + \sin^2 z = 1$

(2) $\cos\left(z + \dfrac{\pi}{2}\right) = -\sin z, \ \sin\left(z + \dfrac{\pi}{2}\right) = \cos z$

(3) $\sin 2z = 2\sin z \cos z, \ \cos 2z = \cos^2 z - \sin^2 z$ (倍角の公式)

【問題 1.35】 $(\cos z)' = -\sin z$ を証明せよ．

ただし，$(e^{iz})' = ie^{iz}$ は用いてもよい．

【問題 1.36】 次の (1)～(3) それぞれの場合について，等式を満たす複素数 z をすべて求めよ．

(1) $e^z = 1$ (2) $\sin z = 0$ (3) $\cos z = 1$

【問題 1.37】 (1) $z = x + iy$ のとき，

$$\cos z = \frac{\cos x(e^y + e^{-y})}{2} - i\frac{\sin x(e^y - e^{-y})}{2},$$

$$\sin z = \frac{\sin x(e^y + e^{-y})}{2} + i\frac{\cos x(e^y - e^{-y})}{2}$$

が成り立つことを証明せよ．

(2) $\cos z$ が実数になるとき，z はどのような複素数か答えよ．

（補足）複素数 z に対して，

$$\cosh z = \frac{e^z + e^{-z}}{2}, \quad \sinh z = \frac{e^z - e^{-z}}{2}, \quad \tanh z = \frac{\sinh z}{\cosh z}$$

を**双曲線関数**という．このとき，次の式が成り立つ．

$$\cos z = \cosh(iz), \quad \sin z = -i\sinh(iz)$$

$$\cosh(z) = \cos(iz), \quad \sinh(z) = -i\sin(iz)$$

1.6　対数関数

複素数 $z \neq 0$ に対し，$e^w = z$ (w は複素数) のとき，$w = \log z$ と表し，関数 $\log z$ を**対数関数**という．条件より

$$\log z = \ln |z| + i \arg z$$

である．ln は，実関数としての自然対数である．$\arg z$ は複数の値がとれ，$z = re^{i\theta}$ に対し，$\log z = \ln r + i(\theta + 2n\pi)$ $(n \in \boldsymbol{Z})$ であるから，$\log z$ は値を複数もつ関数（**多価関数**という）になる．また，値が1つに定まるように

$$\operatorname{Log} z = \ln |z| + i \operatorname{Arg} z \qquad (-\pi < \operatorname{Arg} z \leqq \pi)$$

とおき，これを対数の**主値**という．

例題 1.15　複素関数としての次の値を求めよ．

(1) $\log 5$　(2) $\log(1-i)$　(3) $\operatorname{Log} 5$　(4) $\operatorname{Log}(1-i)$

「解」(1) $\log 5 = \ln|5| + i \arg 5 = \ln 5 + 2n\pi i$　$(n \in \boldsymbol{Z})$

(2) $\log(1-i) = \ln|1-i| + i \arg(1-i) = \ln\sqrt{2} + \left(-\frac{1}{4} + 2n\right)\pi i$　$(n \in \boldsymbol{Z})$

(3) $\operatorname{Log} 5 = \ln 5 + 0i = \ln 5$（$\operatorname{Log} 5$ は，実関数の $\ln 5$ の値と一致する）

(4) $\operatorname{Log}(1-i) = \ln\sqrt{2} - \frac{\pi}{4}i$

【問題 1.38】　複素関数としての次の値を求めよ．

(1) $\log 2$　(2) $\log(-5)$　(3) $\log(1+i)$　(4) $\log(2-2\sqrt{3}i)$

(5) $\log i$　(6) $\log 3$　(7) $\operatorname{Log} 2$　(8) $\operatorname{Log}(-5)$

(9) $\operatorname{Log}(1+i)$　(10) $\operatorname{Log}(2-2\sqrt{3}i)$

【問題 1.39】　(1) $\operatorname{Log} i$ の値を求めよ．　(2) $\operatorname{Log} i^3$ の値を求めよ．

(3) $3\operatorname{Log} i \neq \operatorname{Log} i^3$ であることを確認せよ．

【問題 1.40】　次の式を満たす複素数 z を求めよ．

(1) $\operatorname{Log} z = \pi i$　(2) $\operatorname{Log} z = 2 + \frac{\pi}{2}i$　(3) $\operatorname{Log} z = \ln 3 + \frac{\pi}{4}i$

1.7　複素積分

複素平面上の曲線 C は，パラメータ t を用いた次の表示をもつ．

$$C : z = z(t) = x(t) + iy(t) \quad (a \leqq t \leqq b)$$

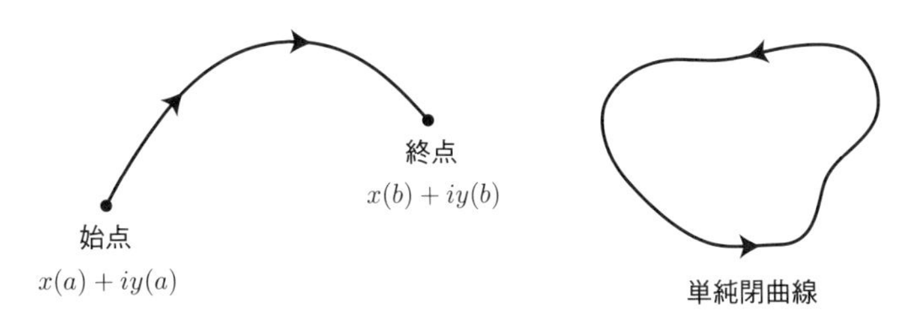

$z(a)$ を**始点**，$z(b)$ を**終点**という．$z(a) = z(b)$ のとき，C を**閉曲線**といい，自身と交わらない閉曲線を**単純閉曲線**という．

* 今後，単純閉曲線は常に左回りの向き（**正の向き**という）がついていると仮定する．

例題 1.16　次の曲線の始点と終点を求めよ．また，その曲線はどのような形か答えよ．

(1) $C : z = t + 2ti \quad (0 \leqq t \leqq 1)$　　　(2) $C : z = e^{it} \quad (0 \leqq t \leqq 2\pi)$

「解」(1) 始点は 0, 終点は $1 + 2i$．C は始点と終点を結ぶ線分である．

(2) 始点と終点はともに 1 である．C は単位円を左回りに回る円周である．なお，C は自身と交わらないので単純閉曲線である．

$f(t) = u(t) + iv(t)$ ($u(t)$, $v(t)$ は実数から実数への関数) に対し，次のように積分を定める．

$$\int_a^b f(t)\,dt = \int_a^b (u(t) + iv(t))\,dt = \int_a^b u(t)dt + i\int_a^b v(t)dt$$

また，なめらかな曲線 $C : z = z(t) \quad (a \leqq t \leqq b)$ に対し，次のように積分を定める．

$$\int_C f(z)dz = \int_a^b f(z(t))\frac{dz}{dt}dt$$

例題 1.17 $\displaystyle\int_0^1 (t+2ti)\,dt$ を計算せよ．

「解」 $\displaystyle\int_0^1 (t+2ti)\,dt = \int_0^1 t\,dt + i\int_0^1 2t\,dt = \left[\frac{1}{2}t^2\right]_0^1 + i\left[t^2\right]_0^1 = \frac{1}{2}+i$

例題 1.18 $f(z)=z^2$, 曲線 $C: z(t)=t+it \ \ (0 \leqq t \leqq 1)$ に対し，$\displaystyle\int_C f(z)\,dz$ を計算せよ．

「解」 $\displaystyle\int_C f(z)\,dz = \int_0^1 f(z(t))\frac{dz}{dt}\,dt = \int_0^1 (t+it)^2\cdot(1+i)\,dt$

$\displaystyle= (1+i)^3\int_0^1 t^2\,dt = \frac{1}{3}(1+i)^3$

【問題 1.41】 次の積分を計算せよ．

(1) $\displaystyle\int_0^2 (t+it^3)\,dt$　(2) $\displaystyle\int_0^1 \left(e^t+it^2\right)\,dt$　(3) $\displaystyle\int_0^1 (t+i)^2\,dt$

(4) $\displaystyle\int_0^{\frac{\pi}{2}} (\sin t + i\cos t)\,dt$　(5) $\displaystyle\int_0^2 e^{4it}\,dt$　(6) $\displaystyle\int_0^{\pi} ie^{2it}\,dt$

(7) $\displaystyle\int_1^4 \left(3\sqrt{t}+i\frac{1}{\sqrt{t}}\right)\,dt$　(8) $\displaystyle\int_0^1 ti\,|t+i|\,dt$

【問題 1.42】 次のパラメータ表示された曲線 C を図示せよ．

(1) $C: z(t)=t-it \ \ (0 \leqq t \leqq 1)$　(2) $C: z(t)=2t+it \ \ (0 \leqq t \leqq 3)$

(3) $C: z(t)=t+it^2 \ \ (0 \leqq t \leqq 1)$　(4) $C: z(t)=3e^{it} \ \ (0 \leqq t \leqq 2\pi)$

(5) $C: z(t)=2e^{it} \ \ (0 \leqq t \leqq \pi)$　(6) $C: z(t)=3i+e^{it} \ \ (0 \leqq t \leqq 2\pi)$

(7) $C: z(t)=1-e^{it} \ \ (0 \leqq t \leqq \frac{\pi}{2})$

【問題 1.43】 次の積分を計算せよ．

(1) C: $z(t)=it \ \ (0 \leqq t \leqq 3)$, $\displaystyle\int_C z^2\,dz$

(2) C: $z(t)=3+it^2 \ (0 \leqq t \leqq 1)$, $\displaystyle\int_C z\,dz$

(3) C: $z(t)=t+it \ \ (0 \leqq t \leqq 1)$, $\displaystyle\int_C |z|\,dz$

(4) C: $z(t)=e^{it} \ \ (0 \leqq t \leqq \frac{\pi}{2})$, $\displaystyle\int_C z\,dz$

(5) C: $z(t) = t + it^2$ $(0 \leqq t \leqq 1)$, $\displaystyle\int_C \overline{z}\,dz$

(6) C: $z(t) = e^{it}$ $(0 \leqq t \leqq \pi)$, $\displaystyle\int_C \mathrm{Re}\,z\,dz$

(7) C: $z(t) = 2e^{it}$ $(0 \leqq t \leqq \pi)$, $\displaystyle\int_C z^2\,dz$

点 α を中心とする半径 r の円を左回りに回る曲線 C は，パラメータを用いて $\alpha + re^{it}$ $(0 \leqq t \leqq 2\pi)$ と表すことができる．この曲線 C に沿った積分 $\displaystyle\int_C f(z)\,dz$ を $\displaystyle\int_{|z-\alpha|=r} f(z)\,dz$ と表す．

【定理 1.12】 複素数 α と $r > 0$ に対して

$$\int_{|z-\alpha|=r} \frac{1}{z-\alpha}\,dz = 2\pi i$$

$$\int_{|z-\alpha|=r} (z-\alpha)^m\,dz = 0 \quad (m \text{ は } -1 \text{ 以外の整数})$$

例題 1.19 次の積分を計算せよ．

(1) $\displaystyle\int_{|z|=3} \frac{1}{z}\,dz$ (2) $\displaystyle\int_{|z-1|=2} \frac{1}{(z-1)^2}\,dz$ (3) $\displaystyle\int_{|z|=2} \overline{z}\,dz$

「解」(1) $\displaystyle\int_{|z|=3} \frac{1}{z}\,dz = 2\pi i$ (2) $\displaystyle\int_{|z-1|=2} \frac{1}{(z-1)^2}\,dz = 0$

(3) $\displaystyle\int_{|z|=2} \overline{z}\,dz = \int_0^{2\pi} \overline{2e^{it}} \cdot 2ie^{it}\,dt = \int_0^{2\pi} 2e^{-it} \cdot 2ie^{it}\,dt = \int_0^{2\pi} 4i\,dt = 8\pi i$

【問題 1.44】 次の積分を計算せよ．

(1) $\displaystyle\int_{|z|=2} z^3\,dz$ (2) $\displaystyle\int_{|z|=2} \frac{1}{z}\,dz$ (3) $\displaystyle\int_{|z|=2} \frac{1-z^3}{1-z}\,dz$ (4) $\displaystyle\int_{|z|=2} |z|\,dz$

曲線 C が有限個のなめらかな曲線 $C_1, C_2, \ldots, C_n$ に分けられるとき，C を**区分的になめらか**という．このとき，$C = C_1 + \cdots + C_n$ と表し，C に沿った積分を

$$\int_C f(z)\,dz = \int_{C_1} f(z)\,dz + \cdots + \int_{C_n} f(z)\,dz$$

と定める．また，曲線 C を逆向きに辿った曲線を $-C$ と表す．

【定理 1.13】

(1) $\displaystyle\int_C (\alpha f(z) + \beta g(z))\,dz = \alpha \int_C f(z)\,dz + \beta \int_C g(z)\,dz$

(2) $\displaystyle\int_{C_1+C_2} f(z)\,dz = \int_{C_1} f(z)\,dz + \int_{C_2} f(z)\,dz$

(3) $\displaystyle\int_{-C} f(z)\,dz = -\int_C f(z)\,dz$

1.8　コーシーの積分定理

領域 D の内部のどの閉曲線も連続的に変形して1点に収縮できるとき，D を**単連結領域**という．つまり，単連結領域とは穴があいていないような領域のことである．

【定理 1.14】 [**コーシーの積分定理**]　$f(z)$ を単連結領域 D で正則とし，C を D 内の単純閉曲線とする．このとき，

$$\int_C f(z)\,dz = 0$$

である．

例題 1.20　次の積分に対して，コーシーの積分定理が適用できるか判定せよ．

(1) $\displaystyle\int_{|z|=1} z^2\,dz$　　(2) $\displaystyle\int_{|z|=1} \frac{1}{z}\,dz$

……………………………………………………………………………………

「解」(1) z^2 は複素平面全体で正則なので，コーシーの積分定理が適用できる．

よって，$\displaystyle\int_{|z|=1} z^2\,dz = 0$ である．

(2) $\dfrac{1}{z}$ は $z=0$ で正則でないため，コーシーの積分定理は適用できない．

なお，$\displaystyle\int_{|z|=1} \frac{1}{z}\,dz = 2\pi i$ である．

【問題 1.45】　曲線 C を単位円 $|z|=1$ とする．次の積分のうち，コーシーの積分定理が適用できるものを選べ．

(1) $\displaystyle\int_C z^5\,dz$　(2) $\displaystyle\int_C (\sin z + i)\,dz$　(3) $\displaystyle\int_C \frac{1}{2z-1}\,dz$

(4) $\displaystyle\int_C \frac{1}{z^2-5z+6}\,dz$　(5) $\displaystyle\int_C \frac{1}{z^2+3z}\,dz$　(6) $\displaystyle\int_C e^{z^2+z}\,dz$

(7) $\displaystyle\int_C \frac{1}{e^z-1}\,dz$　(8) $\displaystyle\int_C \tan z\,dz$

【定理 1.15】　D を単連結領域，$f(z)$ を D 上で正則な関数とする．始点と終点が同じである D 内の曲線 C_1, C_2 に対して，

$$\int_{C_1} f(z)\,dz = \int_{C_2} f(z)\,dz$$

である．

例題 1.21　曲線 $C_1 : z = e^{it}\ \ (0 \leqq t \leqq \pi)$，$C_2 : z = e^{-it}\ \ (0 \leqq t \leqq \pi)$ に対して，$\displaystyle\int_{C_1} z^2\,dz = \int_{C_2} z^2\,dz$ であることを確認せよ．

「解」 $\displaystyle\int_{C_1} z^2\,dz = \int_0^{\pi} (e^{it})^2 \cdot ie^{it}dt = \int_0^{\pi} ie^{3it}dt = \left[\frac{1}{3}e^{3it}\right]_0^{\pi} = \frac{1}{3}(-1-1) = -\frac{2}{3}$

また，$\displaystyle\int_{C_2} z^2\,dz = \int_0^{\pi} (e^{-it})^2 \cdot (-ie^{-it})\ dt = -i\int_0^{\pi} e^{-3it}dt = -i\left[\frac{1}{-3i}e^{-3it}\right]_0^{\pi}$

$\displaystyle= \frac{1}{3}(-1-1) = -\frac{2}{3}$ より，$\displaystyle\int_{C_1} z^2\,dz = \int_{C_2} z^2\,dz$ であることが確認できた．

【問題 1.46】　C_1, C_2 を図の曲線とするとき，次の積分を計算せよ．

(1) $\displaystyle\int_{C_1} z^2\,dz$　(2) $\displaystyle\int_{C_2} z^2\,dz$　(3) $\displaystyle\int_{C_1+C_2} z^2\,dz$

(4) $\displaystyle\int_{C_1} |z|\,dz$　(5) $\displaystyle\int_{C_2} |z|\,dz$　(6) $\displaystyle\int_{C_1+C_2} |z|\,dz$

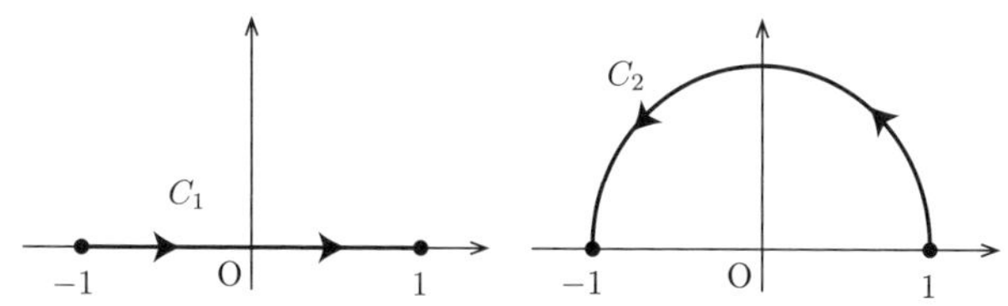

【問題 1.47】 C, C' を図の曲線とするとき，次の積分を計算せよ．

(1) $\displaystyle\int_C \mathrm{Re}\,z\,dz$　　(2) $\displaystyle\int_{C'} \mathrm{Re}\,z\,dz$　　(3) $\displaystyle\int_C \overline{z}\,dz$　　(4) $\displaystyle\int_{C'} \overline{z}\,dz$

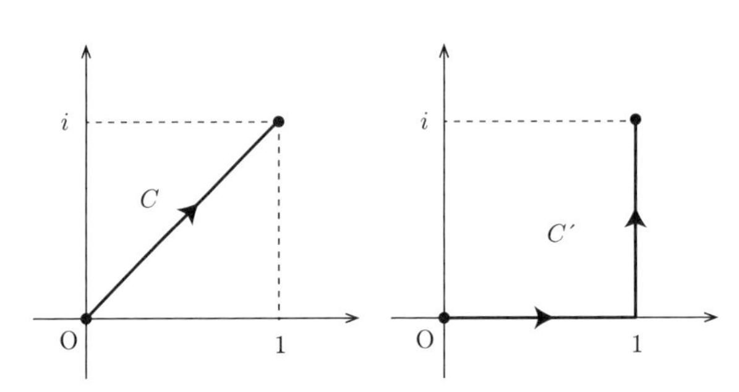

1.9　コーシーの積分公式

【定理 1.16】 [コーシーの積分公式]　関数 $f(z)$ は単連結領域 D で正則であるとする．D 内に含まれる単純閉曲線 C 内の点 α に対して，

$$f(\alpha) = \frac{1}{2\pi i}\int_C \frac{f(z)}{z-\alpha}\,dz \quad \text{または} \quad \int_C \frac{f(z)}{z-\alpha}\,dz = 2\pi i f(\alpha)$$

例題 1.22　$\displaystyle\int_{|z|=2} \frac{3z^2}{z-1}\,dz$ を計算せよ．

「解」$z=1$ は円 $|z|=2$ の内部にある．$f(z)=3z^2$ とすると，

$$\int_{|z|=2} \frac{3z^2}{z-1}\,dz = 2\pi i\,f(1) = 6\pi i$$

【問題 1.48】 次の積分を計算せよ．

(1) $\displaystyle\int_{|z|=3} \frac{z^2}{z-2}\,dz$　　(2) $\displaystyle\int_{|z|=1} \frac{z^2}{z-2}\,dz$　　(3) $\displaystyle\int_{|z|=1} \frac{e^z}{z}\,dz$

(4) $\displaystyle\int_{|z|=2} \frac{(z+2)e^z}{z}\,dz$　　(5) $\displaystyle\int_{|z|=2} \frac{z+3}{z+1}\,dz$

(6) $\displaystyle\int_{|z|=2} \frac{e^z}{(z+1)(z+3)}\,dz$　　(7) $\displaystyle\int_{|z|=3} \frac{z-5}{(z-1)(z+4)}\,dz$

【定理 1.17】 関数 $f(z)$ は単連結領域 D で正則であるとする．このとき $f(z)$ は D で何回でも微分可能であり，D 内に含まれる閉曲線 C 内の点 α に対して，

$$f^{(n-1)}(\alpha) = \frac{(n-1)!}{2\pi i}\int_C \frac{f(z)}{(z-\alpha)^n}\,dz$$

$$\text{または}\quad \int_C \frac{f(z)}{(z-\alpha)^n}\,dz = \frac{2\pi i}{(n-1)!}f^{(n-1)}(\alpha) \quad (n=1,2,3,\ldots)$$

例題 1.23 $\displaystyle\int_{|z|=2} \frac{e^z}{(z-1)^3}\,dz$ を計算せよ．

「解」$f(z)=e^z$ とすれば，$\displaystyle\int_{|z|=2} \frac{e^z}{(z-1)^3}\,dz = \frac{2\pi i}{2!}f''(1) = e\pi i$

【問題 1.49】 次の積分を計算せよ．

(1) $\displaystyle\int_{|z|=1} \frac{z+3}{z^2}\,dz$ (2) $\displaystyle\int_{|z|=1} \frac{e^z}{z^2}\,dz$ (3) $\displaystyle\int_{|z|=2} \frac{z^2+5}{(z-1)^2}\,dz$

(4) $\displaystyle\int_{|z|=4} \frac{e^{2z}}{(z-2)^3}\,dz$ (5) $\displaystyle\int_{|z|=1} \frac{1}{z^3(z+3)}\,dz$ (6) $\displaystyle\int_{|z|=3} \frac{\cos z}{(z+i)^2}\,dz$

(7) $\displaystyle\int_{|z|=2} \frac{e^z}{(z-3)^4}\,dz$ (8) $\displaystyle\int_{|z|=2} \frac{1}{(z^2-4z+3)^2}\,dz$

(9) $\displaystyle\int_{|z-\frac{1}{2}|=1} \frac{1}{(z^2-1)^2}\,dz$ (10) $\displaystyle\int_{|z|=1} \frac{\cos z}{z^{2n}}\,dz$ （n は自然数）

1.10 テイラー（Taylor）展開とローラン（Laurent）展開

複素数 $c_0, c_1, c_2, \ldots$ と複素数 α に対して，

$$\sum_{n=0}^{\infty} c_n(z-\alpha)^n = c_0 + c_1(z-\alpha) + c_2(z-\alpha)^2 + c_3(z-\alpha)^3 + \cdots$$

を $z=\alpha$ を中心とする**ベキ級数**という．

【定理 1.18】 $f(z)$ は領域 D で正則，α を D 内の点とする．このとき，$f(z)$ はベキ級数

$$f(z) = \sum_{n=0}^{\infty} \frac{f^{(n)}(\alpha)}{n!}(z-\alpha)^n$$

の形で表せる．これを，$f(z)$ の $z=\alpha$ を中心とする**テイラー展開**という．

【定理 1.19】 [$z=0$ を中心とするテイラー展開]

$$e^z = \sum_{n=0}^{\infty} \frac{z^n}{n!},$$

$$\sin z = \sum_{n=0}^{\infty} \frac{(-1)^n}{(2n+1)!} z^{2n+1}, \qquad \cos z = \sum_{n=0}^{\infty} \frac{(-1)^n}{(2n)!} z^{2n},$$

$$\mathrm{Log}\,(1+z) = \sum_{n=1}^{\infty} \frac{(-1)^{n-1}}{n} z^n \quad (|z|<1),$$

$$\frac{1}{1-z} = \sum_{n=0}^{\infty} z^n \quad (|z|<1).$$

例題 1.24 $f(z) = \dfrac{1}{3-z}$ の $z=0$ を中心とする3次までのテイラー展開を求めよ．

「解」$f(z) = \dfrac{1}{3} \cdot \dfrac{1}{1-\frac{z}{3}} = \dfrac{1}{3}\left(1 + \dfrac{z}{3} + \left(\dfrac{z}{3}\right)^2 + \left(\dfrac{z}{3}\right)^3 + \cdots\right)$

$$= \frac{1}{3} + \frac{1}{9}z + \frac{1}{27}z^2 + \frac{1}{81}z^3 + \cdots$$

【問題 1.50】 次の関数 $f(z)$ の4次までのテイラー展開を求めよ．ただし，中心はそれぞれの設問で与えられたものとする．

(1) $f(z) = e^{3z}$, 中心 $z=0$

(2) $f(z) = \dfrac{1}{1-z^2}$, 中心 $z=0$

(3) $f(z) = z^2 \cos z$, 中心 $z=0$

(4) $f(z) = ze^{2z}$, 中心 $z=0$

(5) $f(z) = \dfrac{z-1}{z}$, 中心 $z=1$

(6) $f(z) = \dfrac{1}{z}$, 中心 $z=1$

複素数 c_n $(n \in \boldsymbol{Z})$, α に対して，

$$\sum_{n=-\infty}^{\infty} c_n (z-\alpha)^n$$

$$= \cdots + c_{-2}(z-\alpha)^{-2} + c_{-1}(z-\alpha)^{-1} + c_0 + c_1(z-\alpha) + c_2(z-\alpha)^2 + \cdots$$

の形の級数を**ローラン級数**という．

【定理 1.20】　複素数 α と正の実数 R に対して，$f(z)$ が $0<|z-\alpha|<R$ で正則とする．このとき，$f(z)$ はこの領域でローラン級数

$$f(z)=\sum_{n=-\infty}^{\infty}c_n(z-\alpha)^n$$

の形で 1 通りに表せる．これを $f(z)$ の $z=\alpha$ のまわりの**ローラン展開**という．

例題 1.25　$f(z)=\dfrac{1}{z(1-z)}$ の $z=0$ のまわりのローラン展開を求めよ．

「解」$f(z)$ は $0<|z|<1$ で正則で

$$f(z)=\frac{1}{z}\left(1+z+z^2+z^3+\cdots\right)=\frac{1}{z}+1+z+z^2+z^3+\cdots$$

【問題 1.51】　次の関数 $f(z)$ の $z=0$ のまわりのローラン展開を求めよ．

(1) $f(z)=\dfrac{z^3+z+1}{z}$　(2) $f(z)=\dfrac{z^2+1}{z^2}$

(3) $f(z)=\dfrac{(z+1)(z+2)}{z^2}$　(4) $f(z)=\dfrac{e^z}{z^2}$

(5) $f(z)=\dfrac{e^{3z}}{z}$　(6) $f(z)=\dfrac{e^z-1}{z^3}$　(7) $f(z)=\dfrac{\sin z}{z^2}$

(8) $f(z)=\dfrac{1}{z^3(z-1)}$　(9) $f(z)=\dfrac{1}{z(1-z^2)}$　(10) $f(z)=\dfrac{1}{z(2+z)}$

(11) $f(z)=ze^{\frac{1}{z}}$　(12) $f(z)=\cos(\frac{1}{z})$

【問題 1.52】　次の関数 $f(z)$ のローラン展開を求めよ．

(1) $f(z)=\dfrac{z+3}{z-2}$，($z=2$ のまわり)　(2) $f(z)=\dfrac{1}{z(z-1)^2}$，($z=1$ のまわり)

1.11　特異点

関数 $f(z)$ が $z=\alpha$ で正則でなく，ある $R>0$ に対して $0<|z-\alpha|<R$ で正則のとき，$z=\alpha$ を**孤立特異点**という．このとき，$f(z)$ の $z=\alpha$ のまわりにおけるローラン展開 $\displaystyle\sum_{n=-\infty}^{\infty}c_n(z-\alpha)^n$ の前半部分 $\displaystyle\sum_{n=1}^{\infty}c_{-n}(z-\alpha)^{-n}$ を $f(z)$ の**主要部**という．孤立特異点は，次のように 3 種類に分類される．

(1)　主要部がないとき

$f(z)=\sum_{n=0}^{\infty}c_n(z-\alpha)^n$ のとき，$f(\alpha)=c_0$ とおくことによって，この表示は $z=\alpha$ を中心とするテイラー展開になり，$f(z)$ は $0 \leqq |z-\alpha| < R$ で正則な関数になる．このとき，$z=\alpha$ を**除去可能な特異点**という．

(2)　主要部があるが，有限個の和であるとき

自然数 k に対して，$f(z)=\sum_{n=-k}^{\infty}c_n(z-\alpha)^n \ \ (c_{-k}\neq 0)$ のとき，$z=\alpha$ を k **位の極**という．

(3)　主要部が無限個の和であるとき

$f(z)=\sum_{n=1}^{\infty}c_{-n}(z-\alpha)^{-n}+\sum_{n=0}^{\infty}c_n(z-\alpha)^n$ のとき，$z=\alpha$ を**真性特異点**という．

（補）　上の3種類の特異点は，次のように分類することもできる．

(1) $\lim_{z\to\alpha}|f(z)|$ の値が存在するとき，$z=\alpha$ は除去可能な特異点．

(2) $\lim_{z\to\alpha}|f(z)|=\infty$ のとき，$z=\alpha$ は極．

(3) $\lim_{z\to\alpha}|f(z)|$ が存在しないとき，$z=\alpha$ は真性特異点．

例題 1.26　次の関数の孤立特異点を求め，

(A) 除去可能な特異点　(B) 極　(C) 真性特異点　のどれになるか答えよ．

(1) $f(z)=\dfrac{\sin z}{z}$　　(2) $f(z)=\dfrac{1}{z^2(z+1)}$　　(3) $f(z)=e^{\frac{1}{z}}$

··

「解」(1) $f(z)$ の孤立特異点は $z=0$ のみである．$\sin z=z-\frac{z^3}{3!}+\frac{z^5}{5!}-\cdots$ より，$z=0$ のまわりのローラン展開は

$$f(z)=\frac{\sin z}{z}=1-\frac{z^2}{6}+\frac{z^4}{120}-\cdots$$

である．よって $z=0$ は $f(z)$ の除去可能な特異点である．

(2) $f(z)$ の孤立特異点は，$z=0,\ -1$ の2点のみである．$|z|<1$ で

$\frac{1}{z+1}=1-z+z^2-z^3+\cdots$ であるから，$z=0$ のまわりのローラン展開は

$$f(z)=\frac{1}{z^2(z+1)}=\frac{1}{z^2}-\frac{1}{z}+1-z+\cdots$$

である．よって $z=0$ は $f(z)$ の2位の極である．同様に，$z=-1$ は $f(z)$ の1位の極である．

(3) $f(z)$ の孤立特異点は，$z=0$ のみである．$e^z = 1 + z + \frac{z^2}{2} + \frac{z^3}{3!} + \cdots$ より，$z=0$ のまわりのローラン展開は

$$f(z) = e^{\frac{1}{z}} = 1 + \frac{1}{z} + \frac{1}{2z^2} + \frac{1}{6z^3} + \cdots$$

である．よって $z=0$ は $f(z)$ の真性特異点である．

【問題 1.53】　次の関数の孤立特異点を求め，

(A) 除去可能な特異点　(B) 極　(C) 真性特異点　のどれになるか答えよ．

(1) $f(z) = \dfrac{z^2+4z+3}{z-1}$　(2) $f(z) = \dfrac{\cos z - 1}{z}$　(3) $f(z) = \dfrac{e^z}{z-1}$

(4) $f(z) = ze^{\frac{1}{z}}$　(5) $f(z) = \dfrac{z^2+1}{z^3}$　(6) $f(z) = \dfrac{e^z - 1}{z}$

(7) $f(z) = \sin\frac{1}{z}$　(8) $f(z) = \dfrac{z^2+1}{z-i}$

【定理 1.21】　複素数 α に対して，$f(z) = \dfrac{g(z)}{(z-\alpha)^k}$，$g(z)$ は $z=\alpha$ で正則で $g(\alpha) \neq 0$ ならば，$z=\alpha$ は $f(z)$ の k 位の極である．

例題 1.27　$f(z) = \dfrac{1}{(z-1)(z-2)^4}$ の極をすべて求め，それらが何位の極か答えよ．

「解」$g(z) = \dfrac{1}{(z-2)^4}$ とおくと，$f(z) = \dfrac{g(z)}{(z-1)}$ であり，$g(z)$ は $z=1$ で正則かつ $g(1) = 1 \neq 0$ である．よって，$z=1$ は $f(z)$ の 1 位の極である．同様に，$z=2$ は $f(z)$ の 4 位の極である．

【問題 1.54】　次の関数は $z=0$ で何位の極か答えよ．

(1) $f(z) = \dfrac{z^2+3z+1}{z^2}$　(2) $f(z) = \dfrac{2}{z^3} + \dfrac{3}{z^2}$

(3) $f(z) = \dfrac{e^z \sin z}{z^4}$　(4) $f(z) = \dfrac{1}{\tan z}$

(5) $f(z) = \dfrac{\sin z \cos z}{z^3}$

【問題 1.55】　次の関数の極をすべて求め，それらが何位の極か答えよ．

(1) $f(z) = \dfrac{4}{(z-2)(z-3)}$　(2) $f(z) = \dfrac{e^z}{(z-1)^2(z-2)^3}$

(3) $f(z) = \dfrac{z}{z^2+1}$

1.12　留数と留数定理

$z=\alpha$ を $f(z)$ の孤立特異点とする．$f(z)$ の $z=\alpha$ のまわりのローラン展開

$$f(z)=\sum_{n=-\infty}^{\infty} c_n(z-\alpha)^n$$

における $(z-\alpha)^{-1}$ の係数 c_{-1} を，$f(z)$ の $z=\alpha$ における**留数**といい，$\operatorname*{Res}_{z=\alpha} f(z)$ と表す．

【定理 1.22】

(1)　$z=\alpha$ が $f(z)$ の m 位の極 $(m \geqq 1)$ であるとき，

$$\operatorname*{Res}_{z=\alpha} f(z)=\frac{1}{(m-1)!}\lim_{z\to\alpha}\left\{\frac{d^{m-1}}{dz^{m-1}}\left((z-\alpha)^m f(z)\right)\right\}.$$

特に，$z=\alpha$ が $f(z)$ の1位の極であるとき，$\operatorname*{Res}_{z=\alpha} f(z)=\lim_{z\to\alpha}(z-\alpha)f(z)$.

(2)　$f(z)=\dfrac{p(z)}{q(z)}$（$p(z)$, $q(z)$ は $z=\alpha$ で正則，$p(\alpha)\neq 0$, $q(\alpha)=0$, $q'(\alpha)\neq 0$）のとき，$\operatorname*{Res}_{z=\alpha} f(z)=\dfrac{p(\alpha)}{q'(\alpha)}$.

例題 1.28　$f(z)=\dfrac{z+3}{z(z-1)}$ のすべての孤立特異点とそこでの留数を求めよ．

....

「解」$f(z)$ は $z=0, 1$ で1位の極をもつ．上の定理 (1) の方法で求めると，

$$\operatorname*{Res}_{z=0} f(z)=\lim_{z\to 0} zf(z)=\lim_{z\to 0}\frac{z+3}{z-1}=-3,$$
$$\operatorname*{Res}_{z=1} f(z)=\lim_{z\to 1}(z-1)f(z)=\lim_{z\to 1}\frac{z+3}{z}=4$$

となる．なお (2) の方法で求めると，

$$\operatorname*{Res}_{z=0} f(z)=\left.\frac{z+3}{(z(z-1))'}\right|_{z=0}=\left.\frac{z+3}{2z-1}\right|_{z=0}=-3,$$
$$\operatorname*{Res}_{z=1} f(z)=\left.\frac{z+3}{2z-1}\right|_{z=1}=4$$

となる．

【問題 1.56】　$f(z)$ が次で与えられるとき，$f(z)$ のすべての孤立特異点とそこでの留数を求めよ．

(1) $\dfrac{z^2+z+4}{z}$　(2) $\dfrac{8z^2}{2z-1}$　(3) $\dfrac{\sin z}{z^4}$　(4) $\dfrac{z^3+1}{z-2}$

(5) $\dfrac{z^2-z+3}{z(z+2)}$　(6) $\dfrac{e^z}{z(z-1)}$　(7) $\dfrac{4z+3}{z(z+1)}$　(8) $\dfrac{3z+2}{z^2(z+1)}$

【定理 1.23】　[留数定理] $f(z)$ は単純閉曲線 C の内部に有限個の孤立特異点 $\alpha_1, \ldots, \alpha_n$ をもち，それらの点以外の C の内部と周上で正則とする．このとき，

$$\int_C f(z)\,dz = 2\pi i \sum_{i=1}^{n} \operatorname*{Res}_{z=\alpha_i} f(z).$$

例題 1.29　$f(z) = \dfrac{z^2+3z+1}{z(z-1)}$ のとき，$\displaystyle\int_{|z|=2} f(z)\,dz$ を求めよ．

「解」$f(z)$ は $z=0,1$ で 1 位の極をもち，これら 2 点は $|z|=2$ の内部に入っている．また $\operatorname*{Res}_{z=0} f(z) = -1$, $\operatorname*{Res}_{z=1} f(z) = 5$ である．よって留数定理より，

$$\int_{|z|=2} f(z)\,dz = 2\pi i \left(\operatorname*{Res}_{z=0} f(z) + \operatorname*{Res}_{z=1} f(z) \right) = 2\pi i\,(-1+5) = 8\pi i$$

【問題 1.57】　次の積分を計算せよ．

(1) $\displaystyle\int_{|z|=1} \frac{z^3+2z^2+4}{z}\,dz$　(2) $\displaystyle\int_{|z|=1} \frac{\cos z - 1}{z^3}\,dz$

(3) $\displaystyle\int_{|z|=3} \frac{3z-2}{z(z-2)}\,dz$　(4) $\displaystyle\int_{|z|=2} \frac{2}{(z^2-1)(z-3)}\,dz$

(5) $\displaystyle\int_{|z|=2} \frac{e^z(z^3+2)}{z-1}\,dz$　(6) $\displaystyle\int_{|z|=2} \frac{e^z}{z^3+z}\,dz$

【問題 1.58】　$f(z) = \dfrac{z-3}{z(z-2)(z-4)}$ とする．閉曲線 C が次で与えられるとき，$\displaystyle\int_C f(z)\,dz$ を計算せよ．

(1) $C : |z| = 1$　(2) $C : |z-4i| = 6$　(3) $C : |z-3| = 2$

1.13　留数定理の応用

複素積分を用いて，実数の積分を求めることができる．

例題 1.30 $\displaystyle\int_0^{2\pi} \frac{1}{5+4\cos\theta}\,d\theta$ を計算せよ．

「解」変数を $e^{i\theta}=z$ と置換する．$\cos\theta = \dfrac{e^{i\theta}+e^{-i\theta}}{2} = \dfrac{z+z^{-1}}{2}$ であり，$d\theta = \dfrac{dz}{iz}$ である．また，θ が 0 から 2π まで動くとき，z は単位円を左回りに 1 周する．よって，

$$\int_0^{2\pi} \frac{1}{5+4\cos\theta}\,d\theta = \int_{|z|=1} \frac{1}{5+2(z+z^{-1})}\,\frac{dz}{iz}$$
$$= \frac{1}{i}\int_{|z|=1} \frac{1}{(2z+1)(z+2)}\,dz$$

となる．$f(z) = \dfrac{1}{(2z+1)(z+2)}$ とおくと，$|z|=1$ の内部にある $f(z)$ の孤立特異点は $z=-\dfrac{1}{2}$ であり，$\displaystyle\operatorname*{Res}_{z=-\frac{1}{2}} f(z) = \frac{1}{3}$ である．留数定理より，

$$\int_{|z|=1} \frac{1}{(2z+1)(z+2)}\,dz = 2\pi i\cdot\frac{1}{3} = \frac{2}{3}\pi i$$

である．よって求める積分は $\dfrac{1}{i}\cdot\dfrac{2}{3}\pi i = \dfrac{2}{3}\pi$ である．

例題 1.31 $\displaystyle\int_{-\infty}^{\infty} \frac{1}{x^2+1}\,dx$ を計算せよ．

「解」実数 R $(R>1)$ に対して，図のような積分路 C をとると，次が成り立つ．

$$\int_C \frac{1}{z^2+1}\,dz = \int_{C_1} \frac{1}{z^2+1}\,dz + \int_{C_2} \frac{1}{z^2+1}\,dz \qquad \cdots (\star)$$

(A)　$\dfrac{1}{z^2+1}$ の C の内部にある極は $z=i$ のみである．そこでの留数は

$\displaystyle\operatorname*{Res}_{z=i} f(z) = \left.\frac{1}{(z^2+1)'}\right|_{z=i} = \left.\frac{1}{2z}\right|_{z=i} = \frac{1}{2i}$ であるから，留数定理より，

$\displaystyle\int_C \frac{1}{z^2+1}\,dz = 2\pi i\times\frac{1}{2i} = \pi$ となる．

(B)　$\displaystyle\int_{C_1} \frac{1}{z^2+1}\,dz = \int_{-R}^{R} \frac{1}{x^2+1}\,dx$ であるから，

$$\lim_{R\to\infty}\int_{C_1} \frac{1}{z^2+1}\,dz = \int_{-\infty}^{\infty} \frac{1}{x^2+1}\,dx$$

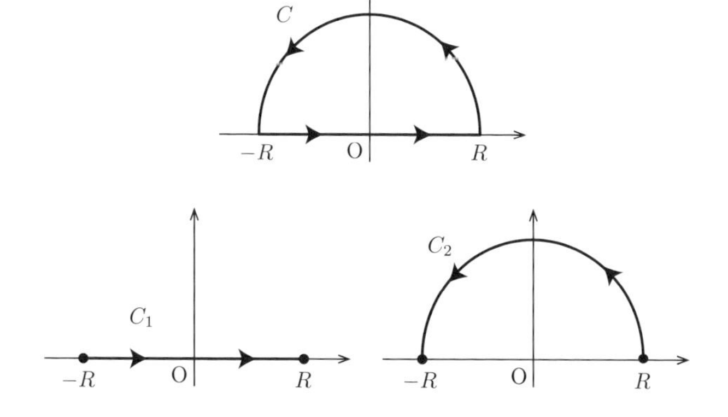

(C) $z = Re^{i\theta}$ とおくと，$\displaystyle\int_{C_2} \frac{1}{z^2+1}\,dz = \int_0^{\pi} \frac{iRe^{i\theta}}{R^2e^{2i\theta}+1}\,d\theta$ である．ここで，

$$\begin{aligned}\left|\int_0^{\pi} \frac{iRe^{i\theta}}{R^2e^{2i\theta}+1}\,d\theta\right| &\leqq \int_0^{\pi} \left|\frac{iRe^{i\theta}}{R^2e^{2i\theta}+1}\right| d\theta \\ &\leqq \int_0^{\pi} \frac{R}{R^2-1}\,d\theta \\ &= \frac{R}{R^2-1}\pi \quad \to \ 0 \ \ (R \to \infty)\end{aligned}$$

なお，2 個目の不等号は $|R^2e^{2i\theta}+1| \geqq R^2-1$ より導かれる．これは三角不等式から示せる．

(A), (B), (C) より，($\star$) で $R \to \infty$ とすれば，$\displaystyle\pi = \int_{-\infty}^{\infty} \frac{1}{1+x^2}\,dx + 0$ となる．

すなわち，$\displaystyle\int_{-\infty}^{\infty} \frac{1}{1+x^2}\,dx = \pi$ である．

この例題において，与えられた積分の値には，複素平面の実軸より上の部分 (**上半平面**という) にある極の留数が現れることがわかる．より一般に，次の定理が成り立つ．

【定理 1.24】　有理関数 $f(x)$ が

(i) $f(x)$ の分母は実軸上で 0 にならない

(ii) $f(x)$ の分母の次数は分子の次数より 2 以上大きい

を満たすとする．このとき，次の式が成り立つ．

$$\int_{-\infty}^{\infty} f(x)\,dx = 2\pi i \sum \mathrm{Res}\, f(z)$$

$$\int_{-\infty}^{\infty} f(x)\cos px\,dx = -2\pi \sum \mathrm{Im}\,\mathrm{Res}\,[f(z)e^{ipz}] \qquad (p>0)$$

$$\int_{-\infty}^{\infty} f(x)\sin px\,dx = 2\pi \sum \mathrm{Re}\,\mathrm{Res}\,[f(z)e^{ipz}] \qquad (p>0)$$

ただし，和は与えられた関数の上半平面にあるすべての留数についてとる．

【問題 1.59】　次の積分の値を，複素積分を用いて計算せよ．

(1) $\displaystyle\int_0^{2\pi} \cos^2\theta\,d\theta$　　(2) $\displaystyle\int_0^{2\pi} \frac{1}{5+3\cos\theta}\,d\theta$

(3) $\displaystyle\int_0^{2\pi} \frac{1}{2+\cos\theta}\,d\theta$　　(4) $\displaystyle\int_0^{2\pi} \frac{1}{5+4\sin\theta}\,d\theta$

(5) $\displaystyle\int_0^{2\pi} \frac{1}{2+\sqrt{3}\sin\theta}\,d\theta$　　(6) $\displaystyle\int_0^{2\pi} \frac{1}{\sqrt{5}+2\cos\theta}\,d\theta$

【問題 1.60】　次の積分の値を，複素積分を用いて計算せよ．

(1) $\displaystyle\int_{-\infty}^{\infty} \frac{1}{x^2+3}\,dx$　　(2) $\displaystyle\int_{-\infty}^{\infty} \frac{1}{x^4+1}\,dx$

(3) $\displaystyle\int_{-\infty}^{\infty} \frac{x}{x^4+1}\,dx$　　(4) $\displaystyle\int_{-\infty}^{\infty} \frac{x^2}{x^4+1}\,dx$

(5) $\displaystyle\int_{-\infty}^{\infty} \frac{1}{x^2+2x+2}\,dx$　　(6) $\displaystyle\int_0^{\infty} \frac{1}{x^4+x^2+1}\,dx$

【問題 1.61】　次の積分の値を，複素積分を用いて計算せよ．

(1) $\displaystyle\int_{-\infty}^{\infty} \frac{\cos x}{1+x^4}\,dx$　　(2) $\displaystyle\int_{-\infty}^{\infty} \frac{\cos x}{x^2-2x+2}\,dx$

第2章

微分方程式

2.1 微分方程式とは

x を独立変数，y を x の関数とする．$y^{(n)}$ を y の第 n 次導関数とする．

【基本事項】

(1) **n 階の微分方程式**・・・x, y, y', y'', $\cdots$, $y^{(n)}$ を用いた方程式．

(2) **解**・・・微分方程式を満たす x と y の関係式．
微分方程式から y', y'', $\cdots$, $y^{(n)}$ を消去すれば得られる．

例題 2.1 ある曲線は，曲線上の点 P $(x,\ y)$ において，P における曲線の接線と直線 OP が垂直に交わる，という条件によって定義されている．その条件を微分方程式で表せ．

「解」 接線の傾きは y' であり，直線 OP の傾きは $\dfrac{y}{x}$ である．垂直に交わるので，$y' \times \dfrac{y}{x} = -1$ となり，1 階の微分方程式 $y' = -\dfrac{x}{y}$ ができる．

【問題 2.1】 曲線上の点 P $(x,\ y)$ とおくとき，次の条件を微分方程式で表せ．

(1) P における接線の傾きはその点の座標の和に等しい．

(2) P における接線と原点との距離が常に 1 である．

【問題 2.2】 ある細菌の増加率 $\dfrac{dx}{dt}$ が各時刻 t での細菌の個体数 x の平方根に比例するという性質を微分方程式で表せ.

【問題 2.3】 あるウイルスの増加率 $\dfrac{dx}{dt}$ は各時点 t での個数 x と宿主における飽和数 k（定数）と各時点での個数 x との差 $k-x$ との積に比例するという状態を微分方程式で表せ.

【曲線群】

(1)　曲線群・・・n 個の任意定数を含む x と y の関係式.

(2)　n 回の微分を利用して任意定数を消去・・・n 階の微分方程式.

例題 2.2 曲線群 $y = Cx^2$ の微分方程式を作れ.

「解」 微分すると $y' = 2Cx$ なので, $xy' = 2Cx^2 = 2y$ となり $y' = \dfrac{2y}{x}$ が求める微分方程式である.

($y'' = 2C,\ y''' = 0$ だからといって $y''' = 0$ としてはいけない. C が1つなので1回だけ微分して C を消去する.)

【問題 2.4】 次の曲線群の微分方程式を作れ. ただし, $C,\ C_1,\ C_2$ は定数とする.

(1)　$y = x + C$　　(2)　$y = Cx$

(3)　$y = Ce^{2x}$　　(4)　$y = C\sin x$

(5)　$y = \sin(x + C)$　　(6)　$y = C_1e^{2x} + C_2e^{3x}$

(7)　$y = C_1\cos 2x + C_2\sin 2x$　　(8)　$y = C_1e^x + C_2x$

【求積法】　不定積分を用いて微分方程式を解く方法.

例題 2.3 微分方程式 $y' = x^2 + x + 1$ を解け.

「解」 不定積分すれば, $y = \displaystyle\int (x^2 + x + 1)\,dx = \frac{x^3}{3} + \frac{x^2}{2} + x + C$ となる.

【問題 2.5】 次の微分方程式の解を求めよ．

(1) $y' = 2x + 7$　(2) $y' = \sin 2x$　(3) $y' = 2e^{-2x}$

(4) $y' = xe^{-x}$　(5) $y' = x\cos x$　(6) $y' = \dfrac{1}{x^2 + 3}$

(7) $y' = \dfrac{1}{\sqrt{1 - 4x^2}}$　(8) $y' = \dfrac{x}{x^2 + 3}$　(9) $y' = \cos^2 x$

【微分方程式の解】

(1) 一般解・・・n 階の微分方程式において n 個の任意定数を含む解．

(2) 特殊解・・・一般解の任意定数に特定の値を代入して得られる解．

(3) 特異解・・・一般解の任意定数にどんな値を代入しても得られない解．

例題 2.4 微分方程式 $y' = 2\sqrt{y}$ について，次のことを確かめよ．

(1) $y = (x - C)^2$ は一般解である．

(2) $y = 0$ は特異解である．

「解」(1) $y = (x - C)^2$ を微分して $y' = 2(x - C)$ より $(x - C)$ を消去して $y' = 2\sqrt{y}$ を満たす．よって $y = (x - C)^2$ は解であって任意定数 C を 1 つ含むから一般解である．

(2) $y = 0$ を微分して $y' = 0$ より $y' = 2\sqrt{y}$ を満たすから $y = 0$ も解であるが，一般解 $y = (x - C)^2$ の C にどんな数を代入しても得られないので特異解である．

【問題 2.6】 微分方程式 $y = xy' + \left(\dfrac{y'}{2}\right)^2$ について，次のことを確かめよ．

(1) $y = Cx + \dfrac{C^2}{4}$ は一般解である．

(2) $y = -2x + 1$ は特殊解である．

(3) $y = -x^2$ は特異解である．

2.2　変数分離形

$y' = f(x) \cdot g(y)$ の形の微分方程式を**変数分離形**という．

両辺を $g(y)$ で割って x で不定積分すると，一般解が得られる．

$$\int \frac{1}{g(y)}\, dy = \int f(x)\, dx$$

例題 2.5　微分方程式 $y' = 3x^2(y+2)$ の一般解を求めよ．

「解」 $y' = 3x^2(y+2)$ は変数分離形である．よって $\displaystyle\int \frac{1}{y+2}\, dy = \int 3x^2\, dx$ となるので，積分して $\log|y+2| = x^3 + C$ となる．整理すると $y+2 = \pm e^C \cdot e^{x^3}$ だから $\pm e^C$ を C で置き直すと $y = Ce^{x^3} - 2$ が一般解となる．

・「定数」を「新しい定数」で置き直す技を身につけることが大切．

【問題 2.7】　次の微分方程式の一般解を求めよ．

(1)　$y' = 2y$　　(2)　$y' = \dfrac{xy}{2}$　　(3)　$y' = xy - 2x$　　(4)　$y' = -\dfrac{y}{x}$

(5)　$y' = -\dfrac{x}{y}$　　(6)　$y' = \dfrac{y}{x}$　　(7)　$y' = y + 1$　　(8)　$y' = \dfrac{y^2}{x^3}$

(9)　$y' = -\dfrac{y}{x(x-1)}$　　(10)　$y' = \dfrac{y+1}{x^2-4}$

【初期値問題】

初期条件・・・1階では「$x = x_0$ のとき $y = y_0$」という条件．
$y(x_0) = y_0$ と書くこともある．

例題 2.6　微分方程式 $y' = 3x^2(y+2)$ を初期条件 $y(0) = 0$ の下で解け．

「解」**例題 2.5** より $y = Ce^{x^3} - 2$ が一般解だから $x = 0,\ y = 0$ を代入して $0 = Ce^0 - 2$ より $C = 2$ となる．よって求める解は $y = 2e^{x^3} - 2$ である．

【問題 2.8】 次の初期値問題を解け.

(1) $y' = 2y,\quad y(0) = 1$　(2) $y' = -\dfrac{y}{x},\quad y(1) = 3$

(3) $y' = \dfrac{y+1}{x+1},\quad y(1) = 3$　(4) $y' = \dfrac{\sqrt{y+1}}{\sqrt{x}},\quad y(0) = 3$

(5) $y' = 2x(y^2+1),\quad y(0) = 0$　(6) $y' = \dfrac{\sqrt{1-y^2}}{1+x^2},\quad y(1) = 1$

例題 2.7 微分方程式 $y' = 2\sqrt{y}$, $(x \geqq 0)$ を初期条件 $y(0) = 0$ の下で解け.

「解」 変数分離形だから $y \neq 0$ のとき $\displaystyle\int \frac{1}{2\sqrt{y}}\,dy = \int dx$ より $\sqrt{y} = x + C$ となる. すなわち $y = (x+C)^2$ が一般解である.

また, $y = 0$ も $y' = 0 = 2\sqrt{0}$ より解（特異解）になる. $y = 0$ と $y = (x+C)^2$ は x 軸上で接するので, 2つをつなげた関数も解になる. よって, 初期条件 $y(0) = 0$ より, すべての $a \geqq 0$ に対して

$$y = \begin{cases} 0 & (0 \leqq x < a) \\ (x-a)^2 & (x \geqq a) \end{cases}$$

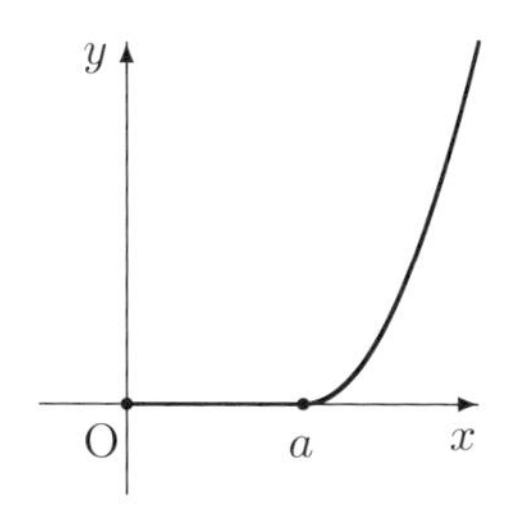

---

* C^1 **接続**・・・つなげた点で y' の値が等しい.

* 初期条件によって, 常に解は1つに定まるとは限らない.

* 1階の微分方程式 $y' = f(x,\ y)$ において, 初期条件 $y(x_0) = y_0$ の近くで $f(x,\ y)$ が偏微分可能で, 偏導関数 $f_x(x,\ y)$, $f_y(x,\ y)$ が連続であれば, 初期条件を満たす解は1つ.

【問題 2.9】 次の初期値問題を解け.

(1) $y' = y^2 - 1,\quad y(1) = -1$　(2) $y' = 3(y)^{\frac{2}{3}},\quad y(0) = 0$

例題 2.8 あるウイルスの増加率 $\dfrac{dx}{dt}$ は各時点 t での個数 x と宿主における飽和数 k（定数）と各時点での個数 x との差 $k - x$ との積に比例するという. 個数を時間 t の関数で表せ.

「解」 時刻 t における個数を $x = x(t)$ とすると, 微分方程式

$$\frac{dx}{dt} = mx(k-x) \qquad (m \text{ は定数})$$

を満たす．これは変数分離形なので $\displaystyle\int \frac{1}{x(k-x)}\,dx = \int m\,dt$ より

$$\frac{1}{k}\log\left|\frac{x}{k-x}\right| = mt + C$$

となるから，$\pm e^{kC}$ をあらためて C で置き直すと $x = \dfrac{kCe^{kmt}}{1+Ce^{kmt}}$ が一般解となる．もし，$x(0) = x_0$ の初期条件があるとき，$C = \dfrac{x_0}{k-x_0}$ で C が求められる．なお，$x_0 < k$ ならば x は増加関数であり，$x_0 > k$ ならば 減少関数である．いずれの場合も $x \to \infty$ のとき $x \to k$ である．

【問題 2.10】　あるバクテリアの増加率は各時刻でのバクテリアの個体数に比例するという．このバクテリアが 1 時間で 3 倍になるとき，4 時間後には最初の何倍になるか．

【問題 2.11】　ある細菌の増加率は各時刻での細菌の個体数の平方根に比例するという．この細菌が 4 時間で 4 倍になるとき，16 時間後には最初の何倍になるか．

【問題 2.12】　ある放射性元素は，そのときに存在する質量に比例する速さで崩壊する．この放射性物質 100g のうち 50g が崩壊するのに 30 年かかるとすると，100g 中 75g が崩壊するのに何年かかるか．

【問題 2.13】　高温の物質が温度の保たれた空気中で冷却される速度は，その物質の温度と空気との温度差に比例する．もし，空気の温度が 20°C で，初め 110°C の物質が 15 分後に 80°C に冷却されるとき，物質の温度が 50°C になるのは初めから何分後か．

2.3　1階線形

$P(x)$, $Q(x)$ を x の関数とするとき，
$y' = P(x)y + Q(x)$ の形の微分方程式を **1階線形微分方程式**という．

$$y = e^{\int P(x)dx}\left(\int Q(x)e^{-\int P(x)dx}dx\right) \quad \text{が一般解}$$

- $\displaystyle\int P(x)dx$ では，積分定数や log での絶対値は不要だが，$Q(x)$ の方は必要．
- 一般解は $y = f_0(x) + C\cdot f_1(x)$ の形をしていて，$f_1(x)$ を**基本解**という．
- $f_0(x)$ は特殊解である．

例題 2.9 微分方程式 $y' = P(x)y + Q(x)$ を解け．

………………………………………………………………………………

「解」 $y' - P(x)y = Q(x)$ の両辺に $e^{-\int P(x)dx}$ を掛けると，

$$y'e^{-\int P(x)dx} + y \cdot (-P(x))e^{-\int P(x)dx} = \left(y \cdot e^{-\int P(x)dx}\right)'$$
$$= Q(x)e^{-\int P(x)dx}$$

より両辺を x で不定積分すると　$y = e^{\int P(x)dx}\left(\int Q(x)e^{-\int P(x)dx}dx\right)$　が一般解．

例題 2.10 微分方程式 $x^2y' + 2xy - 1 = 0$ を解け．

………………………………………………………………………………

「解」 $y' = -\dfrac{2y}{x} + \dfrac{1}{x^2}$ は 1 階線形．$-\displaystyle\int \frac{2}{x}\,dx = -2\log x$ より $e^{-2\log x} = \dfrac{1}{x^2}$ が基本解．

よって $y = \dfrac{1}{x^2}\left(\displaystyle\int x^2 \cdot \frac{1}{x^2}\,dx\right) = \dfrac{x+C}{x^2} = \dfrac{1}{x} + \dfrac{C}{x^2}$ が一般解である．

別解として，$x^2y' + 2xy = (x^2y)' = 1$ より $x^2y = x + C$ なので $y = \dfrac{x+C}{x^2}$ としてもよい．

【問題 2.14】 次の線形微分方程式を解け (1 階線形の解法で解け)．

(1) $y' = 2y$　(2) $y' = \dfrac{2y}{x}$　(3) $y' = y + 1$

(4) $y' = -\dfrac{y}{x}$　(5) $y' = -\dfrac{y}{x} + 1$　(6) $y' = \dfrac{y}{x} + x^2$

(7) $y' - xy = 2x$　(8) $y' - \dfrac{2y}{x} = x$　(9) $y' - 2y = e^x$

(10) $y' - y = 2e^x$

【定数変化法】

$Q(x) = 0$ の場合の微分方程式は $y' = P(x)y$ の形で変数分離形となり，その一般解は $y = C \cdot e^{\int P(x)dx}$ である．ここで，C を x の未知関数 $L(x)$ に置き換えて，$y = L(x) \cdot e^{\int P(x)dx}$ を元の微分方程式に代入して $L(x)$ を決定する方法を**定数変化法**という．

例題 2.11　1階線形微分方程式 $y' = -\dfrac{2y}{x} + x^2$ を定数変化法を用いて解け．

「解」 $y' = -\dfrac{2y}{x}$ は変数分離形．$\displaystyle\int \frac{1}{y}\,dy = -2\int \frac{1}{x}dx$ より $\log|y| = -2\log|x| + C$ なので $y = \pm e^{-2\log|x|+C} = \pm e^C \cdot e^{-2\log|x|} = \pm e^C \cdot |x|^{-2} = \pm e^C x^{-2}$ となるが，$\pm e^C$ を C で置き直して $y = Cx^{-2}$ となる．ここで，$y = L(x)x^{-2}$ とおくと，$L' = L'x^{-2} - 2Lx^{-3}$ より元の微分方程式に代入して $y,\ y'$ を消去すると $L'x^{-2} = x^2$ より $L' = x^4$ よって $L = \dfrac{x^5}{5} + C$ となる．よって，$y = x^{-2}\left(\dfrac{x^5}{5} + C\right) = \dfrac{x^3}{5} + \dfrac{C}{x^2}$ が一般解となる．

【問題 2.15】　次の1階線形微分方程式を定数変化法を用いて解け．

(1)　$y' = y + 1$　　(2)　$y' = 2y + e^x$　　(3)　$y' = y + 2e^x$

(4)　$y' = xy + 2x$

例題 2.12　空気抵抗のある落下運動の方程式 $m\dfrac{dv}{dt} = mg - av,\ \ v(0) = v_0$ を解け．

「解」 v は速度なので t の関数，g は重力加速度なので定数である．a も定数である．質量 m で割ると $\dfrac{dv}{dt} = -\dfrac{a}{m}v + g$ となり，1階線形．$\int\left(-\dfrac{a}{m}\right)dt = -\dfrac{a}{m}t$ より $e^{-\frac{a}{m}t}$ が基本解なので，

$$v = e^{-\frac{a}{m}t}\left(\int e^{\frac{a}{m}t} g\ dt + C\right) = \frac{mg}{a} + Ce^{-\frac{a}{m}t}$$

が一般解になる．$v(0) = v_0$ なので $t = 0$ を代入すると $C = v_0 - \dfrac{mg}{a}$ なので

$$v = \frac{mg}{a} + \left(v_0 - \frac{mg}{a}\right)e^{-\frac{a}{m}t}$$

が求める解である．なお，この解は $t \to \infty$ のとき $v \to \dfrac{mg}{a}$ に収束する．

（文字がたくさんあるので，定数なのか関数なのかを確認する．）

【問題 2.16】　$x > 0$ のとき，曲線上の点 P $(x,\ y)$ において，P における接線の y 切片は常に $\dfrac{2}{x}$ であるという条件を満たす曲線を求めよ．

【問題 2.17】 ゴーカートが平らな道を走っている．運転者を含むゴーカートの全重量は 200(kg) である．道の上を走行するときの車輪などの影響は無視できるが，空気抵抗がゴーカートの速度 v(m/s) の 50 倍に等しいとする．このとき，力の関係

$$「質量 (kg)\times 加速度 \frac{dv}{dt}(m/s^2)= 推進力 - 抵抗力」$$

を用いて次の問いに答えよ．

(1) 一定の推進力を F (N) として，微分方程式を作れ．

(2) $v(0)=0$ の下で (1) の微分方程式を解け．

(3) 最終速度を秒速 5 メートルにするような一定の推進力 F (N) を求めよ．

【問題 2.18】 抵抗 R，インダクタンス L，起電力 v を直列につないだ電気回路の電流 i に関する微分方程式は $L\dfrac{di}{dt}+R\,i=v$ で与えられる．このとき，次の問いに答えよ．ただし，E_0，i_0，ω は定数とする．

(1) $v=E_0$，$i(0)=i_0$ のとき，電流 i を求めよ．

(2) $v=E_0\sin\omega t$，$i(0)=0$ のとき，電流 i を求めよ．

2.4　線形微分方程式

$P_1(x)$，$\cdots$，$P_n(x)$，$Q(x)$ を x の関数として

$$y^{(n)}+P_1(x)y^{(n-1)}+P_2(x)y^{(n-2)}+\cdots+P_{n-1}(x)y'+P_n(x)y=Q(x)$$

を n **階線形微分方程式**という．

【n 階線形微分方程式の解】　C_1，$\cdots$，C_n を定数として

$$y=f_0(x)+C_1\cdot f_1(x)+C_2\cdot f_2(x)+\cdots+C_n\cdot f_n(x)$$

・$f_1(x)$，$f_2(x)$，$\cdots$，$f_n(x)$ を**基本解**という．$\Leftrightarrow$ $Q(x)=0$ の場合の解．

・$f_0(x)$ は**特殊解**の 1 つで，　$Q(x)=0\ \Leftrightarrow\ f_0(x)=0$

・基本解 $f_1(x)$，$f_2(x)$，$\cdots$，$f_n(x)$ は関数として一次独立であり，行列式

$$W=\begin{vmatrix} f_1(x) & f_2(x) & \cdots & f_n(x) \\ f_1'(x) & f_2'(x) & \cdots & f_n'(x) \\ \vdots & \vdots & \cdots & \vdots \\ f_1^{(n-1)}(x) & f_2^{(n-1)}(x) & \cdots & f_n^{(n-1)}(x) \end{vmatrix}\neq 0 \qquad (\text{ある } x \text{ で})$$

を満たす．この行列式を**ロンスキアン**（Wronskian）という．

例題 2.13　関数 e^x, e^{2x} は一次独立であることを示せ．

「解」 ロンスキアンを計算すると

$$\begin{vmatrix} e^x & e^{2x} \\ e^x & 2e^{2x} \end{vmatrix} = e^x e^{2x} \begin{vmatrix} 1 & 1 \\ 1 & 2 \end{vmatrix} = e^{3x} \neq 0$$

より一次独立である．

【問題 2.19】　次の関数は一次独立であることを示せ．

(1) e^{2x}, e^{3x}　(2) $\cos 2x$, $\sin 2x$　(3) e^{3x}, xe^{3x}　(4) e^x, e^{-x}, e^{-2x}

例題 2.14　一般解が $y = e^x + C_1 e^{2x} + C_2 e^{3x}$ となる線形微分方程式を作れ．

「解」 p.32 の**例題 2.2** と同様に解けるが，行列式を用いると易しく解ける．

$$y - e^x = C_1 e^{2x} + C_2 e^{3x}$$

の両辺を x で微分すると

$$y' - e^x = 2C_1 e^{2x} + 3C_2 e^{3x}\ ,\ y'' - e^x = 4C_1 e^{2x} + 9C_2 e^{3x}$$

であり，3 つの式は C_1, C_2 について一次従属なので

$$\begin{aligned}
\begin{vmatrix} y - e^x & e^{2x} & e^{3x} \\ y' - e^x & 2e^{2x} & 3e^{3x} \\ y'' - e^x & 4e^{2x} & 9e^{3x} \end{vmatrix} &= e^{2x} e^{3x} \begin{vmatrix} y - e^x & 1 & 1 \\ y' - e^x & 2 & 3 \\ y'' - e^x & 4 & 9 \end{vmatrix} \\
&= e^{5x} \begin{vmatrix} y - e^x & 1 & 1 \\ y' - 2y + e^x & 0 & 1 \\ y'' - 4y + 3e^x & 0 & 5 \end{vmatrix} \\
&= e^{5x}(y'' - 5y' + 6y - 2e^x) = 0
\end{aligned}$$

となり，$y'' - 5y' + 6y = 2e^x$ となる．

【問題 2.20】　次の関数を一般解とする線形微分方程式を作れ．
ただし，C_1, C_2, C_3 は定数とする．

(1)　$y = C_1 e^x + C_2 e^{2x}$　　(2)　$y = 1 + C_1 \cos 2x + C_2 \sin 2x$

(3)　$y = e^{2x} + C_1 e^x + C_2 xe^x$　　(4)　$y = C_1 e^x + C_2 e^{2x} + C_3 e^{3x}$

【線形微分方程式の分類】

各 $P_i(x)$	すべて定数	いずれかに x を含む
$Q(x)=0$	定数係数斉次	変数係数斉次
$Q(x)\neq 0$	定数係数非斉次	変数係数非斉次

例題 2.15 次の線形微分方程式を分類せよ．

(1) $y'=2y$　(2) $y''+2y'-3y=e^x$

(3) $y'''+xy'-y=0$　(4) $x^2y''+2xy'-3y=x$

「解」(1) 1 階定数係数斉次，(2) 2 階定数係数非斉次，

(3) 3 階変数係数斉次，(4) 2 階変数係数非斉次．

【問題 2.21】 次の線形微分方程式を分類せよ．

(1) $y''+y=\sin x$　(2) $xy''+y'-3y=0$

(3) $y''+y'-(x-1)y=x-1$　(4) $y'''+y'=0$

【2 階線形の定数変化法】

- $f_1(x),\ f_2(x)$ ： $y''+P_1(x)y'+P_2(x)y=Q(x)$ の基本解
- $W=\begin{vmatrix} f_1(x) & f_2(x) \\ f_1'(x) & f_2'(x) \end{vmatrix}\neq 0$ ：$f_1(x),\ f_2(x)$ のロンスキアン
- $y=L_1(x)f_1(x)+L_2(x)f_2(x)$ について

$$L_1'(x)=-Q(x)f_2(x)/W\ ,\ L_2'(x)=Q(x)f_1(x)/W$$

例題 2.16 $e^x,\ xe^x$ は線形微分方程式 $y''-2y'+y=2e^x$ の基本解であることを確かめ，定数変化法を用いて一般解を求めよ．

「解」 $y=e^x$ とおくと $y'=y''=e^x=y$ より $y''-2y+y=e^x-2e^x+2^x=0$ を満たすから e^x は解である．また，$y=xe^x$ とおくと $y'=(x+1)e^x$, $y''=(x+2)e^x$ より $y''-2y+y=(x+2)e^x-2(x+1)e^x+xe^x=0$ を満たすから xe^x も解である．

$W=\begin{vmatrix} e^x & xe^x \\ e^x & (x+1)e^x \end{vmatrix}=e^{2x}\neq 0$ より一次独立なので，基本解である．

$y = L_1(x)f_1(x) + L_2(x)f_2(x)$ とすると

$$L_1' = -2e^x \cdot xe^x/e^{2x} = -2x\ ,\ L_2' = 2e^x \cdot e^x/e^{2x} = 2$$

より

$$L_1 = -x^2 + C_1\ ,\ L_2 = 2x + C_2$$

だから

$$y = (-x^2 + C_1)e^x + (2x + C_2)xe^x = x^2e^x + C_1e^x + C_2xe^x$$

が一般解である．

【問題 2.22】 カッコ内の関数は線形微分方程式の基本解であることを確かめ，定数変化法を用いて一般解を求めよ．

(1)　$y'' - 4y = e^x,\quad (e^{2x},\ e^{-2x})$　　(2)　$y'' + 4y = 4,\quad (\cos 2x,\ \sin 2x)$

(3)　$x^2y'' - 2y = 2x,\quad (x^2,\ x^{-1})$　　(4)　$x^2y'' - xy' + y = x^2,\quad (x,\ x\log x)$

【問題 2.23】 $y'' - 2ay' + (a^2 + b^2)y = 0$ の解を $y = e^{ax} \cdot u$ とおくとき u の満たす微分方程式を求めよ．

【問題 2.24】 $y = \cos bx$ は $y'' = -b^2\cos x = -b^2y$ だから $y'' + b^2y = 0$ の解になる．$y = u \cdot \cos bx$ とおくことにより $y'' + b^2y = 0$ を解け．

2.5　定数係数線形斉次

$a_1,\ a_2, \cdots,\ a_n$ を定数として，

・**定数係数斉次**線形微分方程式

$$y^{(n)} + a_1y^{(n-1)} + a_2y^{(n-2)} + \cdots + a_{n-1}y' + a_ny = 0$$

$$\Updownarrow \quad 1\text{対}1\text{に対応}$$

・**特性方程式**　　$k^n + a_1\,k^{n-1} + \cdots + a_{n-1}\,k + a_n = 0$

$$\Updownarrow \quad 1\text{対}1\text{に対応}$$

・**定数係数線形の基本解**　特性方程式の解に対して

(i) $k = \alpha$ が実数なら $e^{\alpha x}$

(ii) $k = \alpha \pm \beta i$ が虚数なら，$e^{\alpha x}\cos\beta x,\ e^{\alpha x}\sin\beta x$

(iii) k が重解なら，重複度ごとに (i),(ii) の基本解に $x,\ x^2,\ \cdots$ を掛ける

例題 2.17　次の微分方程式を解け．

(1)　$y' - 2y = 0$　　(2)　$y'' + y' - 6y = 0$

(3)　$y'' - 2y' + 5y = 0$　　(4)　$y'' - 4y' + 4y = 0$

「解」(1) $k - 2 = 0$ より $k = 2$ だから e^{2x} が基本解．よって $y = Ce^{2x}$．

(2) $k^2 + k - 6 = 0$ より $k = 2,\ -3$ だから e^{2x}，e^{-3x} が基本解．よって $y = C_1e^{2x} + C_2e^{-3x}$．

(3) $k^2 - 2k + 5 = 0$ より $k = 1 \pm 2i$ だから $e^x \cos 2x$，$e^x \sin 2x$ が基本解．よって $y = C_1e^x \cos 2x + C_2e^x \sin 2x$．

(4) $k^2 - 4k + 4 = 0$ より $k = 2,\ 2$ だから e^{2x}，xe^{2x} が基本解．よって $y = C_1e^{2x} + C_2xe^{2x}$．

＊ **例題 2.17** (3) で y が実数関数の場合 $y = C_1e^{(1+2i)x} + C_2e^{(1-2i)x}$ とはしない．

【問題 2.25】　次の線形微分方程式を解け．

(1)　$y' = -2y$　　(2)　$y'' = y'$

(3)　$y'' = y$　　(4)　$y''' = y'$

(5)　$y'' - 3y' + 2y = 0$　　(6)　$y'' + y' + y = 0$

(7)　$4y'' + 4y' + y = 0$　　(8)　$y''' - y'' - 2y' = 0$

2.6　記号解法

【定数係数線形微分演算子】　**微分演算子：**　$D = \dfrac{d}{dx}$

・ D の多項式 $P(D) = D^n + a_1D^{n-1} + \cdots + a_{n-1}D + a_n$ に対して

$$P(D)[y] = y^{(n)} + a_1y^{(n-1)} + \cdots + a_{n-1}y' + a_ny$$

【定理 2.1】　線形微分演算子 $P_1(D)$, $P_2(D)$ に対して

(1) $P_1(D)P_2(D)[f(x)] = P_2(D)P_1(D)[f(x)]$

(2) $P(D)[\alpha f(x) + \beta g(x)] = \alpha P(D)[f(x)] + \beta P(D)[g(x)]$

例題 2.18　次の計算をせよ．

(1) $(2D-1)[x^2]$　(2) $(D^2-3D+2)[\sin x+e^x]$

「解」 (1) $(2D-1)[x^2]=2(x^2)'-(x^2)=4x-x^2$

(2)

$$\begin{aligned}(D^2-3D+2)[\sin x+e^x] &= (-\sin x+e^x)-3(\cos x+e^x)+2(\sin x+e^x)\\ &= \sin x-3\cos x\end{aligned}$$

---

*　計算順序について

$$\begin{aligned}(D^2-3D+2)[\sin x+e^x] &= (D-1)(D-2)[\sin x+e^x]\\ &= (D-2)(D-1)[\sin x+e^x]\\ &= (D^2-3D+2)[\sin x]+(D^2-3D+2)[e^x]\end{aligned}$$

*　次のことに注意

$$(D-1)[x^2]=2x-x^2=(D-1)[x\cdot x]\ \neq\ x(D-1)[x]=x(1-x)=x-x^2$$

【問題 2.26】　次の計算をせよ．

(1)　$(D+1)[e^x]$　　(2)　$(D^2+D)[2x]$

(3)　$(D^2+4D+3)[e^{2x}]$　　(4)　$(D-1)^2[\sin 2x]$

(5)　$(D^2+D+1)[e^x\cos 2x]$　　(6)　$(D+1)(D-3)[x^2+1]$

(7)　$D^2(D-2)[x+2e^{-x}]$

【逆演算子】　**微分逆演算子：**　$\dfrac{1}{D}[y(x)]=\displaystyle\int y(x)\ dx$

$$z=\frac{1}{P(D)}[y]\implies P(D)[z]=y$$

【定理 2.2】　[微分演算子，逆演算子の公式 (1)]

(1) 分母が 0 にならなければ，$e^{\alpha x}$ に $P(D)$, $\dfrac{1}{P(D)}$ を施すと D の所に α を代入すればよい．すなわち

$$P(D)[e^{\alpha x}]=P(\alpha)e^{\alpha x},\ \ \frac{1}{P(D)}[e^{\alpha x}]=\frac{1}{P(\alpha)}e^{\alpha x},\quad (P(\alpha)\neq 0)$$

(2) 分母が 0 にならなければ，$\sin\beta x$, $\cos\beta x$ に $P(D)$, $\dfrac{1}{P(D)}$ を施すと D はそのままで，D^2 の所に $-\beta^2$ を代入すればよい．

（D^3 には $-\beta^2 D$ を代入.）すなわち，$(P(-\beta^2) \neq 0)$ のとき

$$\frac{1}{P(D^2)}[\sin\beta x] = \frac{1}{P(-\beta^2)}\sin\beta x,\ \frac{1}{P(D^2)}[\cos\beta x] - \frac{1}{P(-\beta^2)}\cos\beta x$$

(3) $\dfrac{1}{P(D)}$ の n 次のマクローリン近似を $Q(D)$ とすると，

n 次多項式 $f(x)$ に対して $\dfrac{1}{P(D)}[f(x)] = Q(D)[f(x)]$

例題 2.19 次の計算をせよ.

(1) $\dfrac{1}{D^2-2D+5}[e^{3x}]$　(2) $\dfrac{1}{D^2-3D+2}[\sin 2x]$

(3) $\dfrac{1}{D^2-3D+2}[x^2+1]$

「解」(1) $\dfrac{1}{D^2-2D+5}[e^{3x}] = \dfrac{1}{3^2-2\cdot 3+5}e^{3x} = \dfrac{1}{8}e^{3x}$

(2) 定理 2.2 の (2) を使って D^2 の所に -2^2 を代入すると

$$\frac{1}{D^2-3D+2}[\sin 2x] = \frac{1}{-2^2-3D+2}[\sin 2x]$$

分子分母に $-2+3D$ を掛けて計算してから，D^2 の所に -2^2 を代入すると分母の D が消えて

$$\begin{aligned} &= \frac{-2+3D}{(-2-3D)(-2+3D)}[\sin 2x] = \frac{-2+3D}{4+9\cdot 4}[\sin 2x] \\ &= \frac{1}{40}(-2\sin 2x + 6\cos 2x) = \frac{1}{20}(-\sin 2x + 3\cos 2x) \end{aligned}$$

(3) 無限等比級数の和の公式　$\dfrac{1}{1-r} = 1 + r + r^2 + r^3 + \cdots$

を用いる．x^2+1 は 2 次多項式なので，定理 2.2 の (3) で 2 次までの和を使うと

$$\begin{aligned} \frac{1}{D^2-3D+2}[x^2+1] &= \frac{1}{2}\cdot\frac{1}{1-D}\cdot\frac{1}{1-\frac{D}{2}}[x^2+1] \\ &= \frac{1}{2}(1+D+D^2)(1+\frac{D}{2}+\frac{D^2}{4})[x^2+1] \\ &= \frac{1}{2}(1+\frac{3D}{2}+\frac{7D^2}{4})[x^2+1] = \frac{1}{4}(2x^2+6x+9) \end{aligned}$$

（途中 D の 4 次式が出てくるが，2 次までしか必要なし.）

別解として

$$\begin{aligned}\frac{1}{D^2-3D+2}[x^2+1] &= \frac{1}{2}\cdot\frac{1}{1-(\frac{3D}{2}-\frac{D^2}{2})}[x^2+1]\\ &= \frac{1}{2}\left(1+\left(\frac{3D}{2}-\frac{D^2}{2}\right)+\left(\frac{3D}{2}-\frac{D^2}{2}\right)^2\right)[x^2+1]\\ &= \frac{1}{2}\left(1+\frac{3D}{2}+\frac{7D^2}{4}\right)[x^2+1]=\frac{1}{4}(2x^2+6x+9)\end{aligned}$$

としてもよい．(これも，D の3次以降の項を消去して計算する．)

【問題 2.27】　次の計算をせよ．

(1) $\frac{1}{D+1}[e^x]$　(2) $\frac{1}{D^2+3D-1}[e^{-2x}]$

(3) $\frac{1}{D^2-3D+2}[e^{3x}+2e^{-x}]$　(4) $\frac{1}{D^2+3}[\sin x]$

(5) $\frac{1}{D+1}[\cos 2x]$　(6) $\frac{1}{(D-1)^2}[\sin 3x]$

(7) $\frac{1}{D^2-D+3}[3\sin x+\cos x]$　(8) $\frac{1}{D+1}[2x-1]$

(9) $\frac{1}{D^2-1}[x^2-1]$　(10) $\frac{1}{D^2-4D+3}[x^2-x+5]$

【定理 2.3】　[微分演算子，逆演算子の公式 (2)]

(1) $P(D)[u\cdot e^{\alpha x}]=e^{\alpha x}\cdot P(D+\alpha)[u]$

(2) $\frac{1}{P(D)}[e^{\alpha x}f(x)]=e^{\alpha x}\frac{1}{P(D+\alpha)}[f(x)]$

(3) $\frac{1}{D^2+\beta^2}[\sin\beta x]=-\frac{x}{2\beta}\cos\beta x,\quad \frac{1}{D^2+\beta^2}[\cos\beta x]=\frac{x}{2\beta}\sin\beta x$

(4) $\frac{1}{P(D)}[f(x)\cdot e^{i\beta x}]$ の実数部分が $\frac{1}{P(D)}[f(x)\cos\beta x]$，

虚数部分が $\frac{1}{P(D)}[f(x)\sin\beta x]$

例題 2.20　$(D^2-3D+2)[e^{-2x}\sin 3x]$ を計算せよ．

「解」 $(D^2-3D+2)[e^{-2x}\sin 3x]=e^{-2x}((D-2)^2-3(D-2)+2)[\sin 3x]$

$=e^{-2x}(D^2-7D+12)[\sin 3x]=e^{-2x}(-9-7D+12)[\sin 3x]$

$=e^{-2x}(3\sin 3x-21\cos 3x)$

【問題 2.28】 次の計算をせよ．

(1) $(D^2-D+1)[e^x(2x+1)]$　(2) $(D^2+3D-1)[e^{2x}\sin x]$

(3) $(D^2-1)[e^{-x}(x^2+\cos 2x)]$

例題 2.21 次の計算をせよ．

(1) $\dfrac{1}{D-1}[e^x]$　(2) $\dfrac{1}{D^2-3D+2}[e^x]$　(3) $\dfrac{1}{(D-2)^2}[e^{2x}]$

「解」(1) 公式より $\dfrac{1}{D-1}[e^x]=\dfrac{1}{D-1}[e^x\cdot 1]=e^x\dfrac{1}{(D+1)-1}[1]$

$=e^x\dfrac{1}{D}[1]=e^x\cdot x=xe^x$（$e^x$ を前に出すと，1 が残ることに注目する．）

(2) $\dfrac{1}{D^2-3D+2}[e^x]=\dfrac{1}{D-1}\left[\dfrac{1}{D-2}[e^x]\right]=\dfrac{1}{D-1}\left[\dfrac{1}{1-2}e^x\right]$

$=\dfrac{1}{D-1}[-e^x]=-xe^x$（これも直接 D に 1 を代入すると分母が 0 になるが，因数分解してから，先に $\dfrac{1}{D-2}$ を計算する．）

(3) $\dfrac{1}{(D-2)^2}[e^{2x}]=e^{2x}\dfrac{1}{((D+2)-2)^2}[1]=e^{2x}\dfrac{1}{D^2}[1]=e^{2x}\dfrac{1}{D}[x]=\dfrac{1}{2}x^2e^{2x}$

（$\dfrac{1}{D^2}$ は 2 回積分．この公式は，分母が 0 になる場合の他にも使える．）

例題 2.22 次の計算をせよ．

(1) $\dfrac{1}{D-1}[xe^{2x}]$　(2) $\dfrac{1}{D^3+D^2+D+1}[\sin x]$　(3) $\dfrac{1}{D-1}[x\sin x]$

「解」(1) $\dfrac{1}{D-1}[xe^{2x}]=e^{2x}\dfrac{1}{D+2-1}[x]=e^{2x}\dfrac{1}{1+D}[x]=e^{2x}(1-D)[x]$

$=e^{2x}(x-1)$（e^{2x} を前に出した後に多項式の場合の計算をする．）

(2) そのまま前回の方法を使うと分母が 0 になるが，因数分解してからまず分母が 0 にならないところを計算する．最後は定理 2.3 の (3) を使う．

$$\begin{aligned} \frac{1}{D^3+D^2+D+1}[\sin x] &= \frac{1}{D^2+1}\left[\frac{1}{D+1}[\sin x]\right] \\ = \frac{1}{D^2+1}\left[\frac{1-D}{1-D^2}[\sin x]\right] &= \frac{1}{D^2+1}\left[\frac{1-D}{2}[\sin x]\right] \\ = \frac{1}{D^2+1}\left[\frac{\sin x-\cos x}{2}\right] &= -\frac{x}{4}(\cos x+\sin x) \end{aligned}$$

(3) 定理 2.3 の (4) を使うと $\dfrac{1}{D-1}[xe^{ix}]$ の虚数部分が答えになる．

$$\begin{aligned} \frac{1}{D-1}[xe^{ix}] &= e^{ix}\frac{1}{(D+i)-1}[x] = e^{ix}\frac{1}{i-1}\cdot\frac{1}{1-\frac{D}{1-i}}[x] \\ &= e^{ix}\frac{1}{i-1}\left(1+\frac{D}{1-i}\right)[x] = \frac{e^{ix}}{i-1}\left(x+\frac{1}{1-i}\right) \\ &= -\frac{1}{2}\big(\cos x+i\sin x\big)\big(x+i(x+1)\big) \\ &= -\frac{1}{2}\big(x\cos x-(x+1)\sin x\big)-\frac{i}{2}\big(x\sin x+(x+1)\cos x\big) \end{aligned}$$

となるから $\dfrac{1}{D-1}[x\sin x] = -\dfrac{1}{2}\big(x\sin x+(x+1)\cos x\big)$

【問題 2.29】 次の計算をせよ．

(1) $\dfrac{1}{D+1}[e^{-x}]$　　(2) $\dfrac{1}{D^2-2D+1}[e^{x}]$

(3) $\dfrac{1}{D^2-4D+3}[e^{3x}]$　　(4) $\dfrac{1}{D^2+4D+3}[xe^{-x}]$

(5) $\dfrac{1}{D^2-2D+2}[x^2e^{x}]$　　(6) $\dfrac{1}{D^2+4}[\cos 2x]$

(7) $\dfrac{1}{D^2+D+6}[e^{-2x}\sin 3x]$　　(8) $\dfrac{1}{D+1}[x\cos x]$

【定数係数線形微分方程式の解法】

- n 階線形微分方程式　：　$P(D)[y]=Q(x)$
- **一般解**　：　$y=f_0(x)+C_1f_1(x)+C_2f_2(x)+\cdots+C_nf_n(x)$
- **基本解**　：　特性方程式の解で決定
- **特殊解**　：　$f_0(x)=\dfrac{1}{P(D)}[Q(x)]$

例題 2.23　微分方程式 $y'' - 4y' + 5y = 3e^{2x}$ を解け．

「解」　特性方程式は $k^2 - 4k + 5 = 0$ より $k = 2 \pm i$ となるから，基本解は $e^{2x}\cos x$, $e^{2x}\sin x$ である．また，$(D^2 - 4D + 5)[y] = 3e^{2x}$ より特殊解は

$$\frac{1}{D^2 - 4D + 5}[3e^{2x}] = \frac{3}{2^2 - 4 \cdot 2 + 5}e^{2x} = 3e^{2x}$$

となるから，合わせて

$$y = 3e^{2x} + C_1 e^{2x}\cos x + C_2 e^{2x}\sin x$$

が一般解である．

【問題 2.30】　次の微分方程式を解け．

(1)　$y' + y = e^x$　　(2)　$y' - 2y = x^2 + x + 1$

(3)　$y'' + y' - 6y = 6e^{-x}$　　(4)　$y'' + 4y = x^2 + 1$

(5)　$y'' - 4y' + 4y = 8\sin 2x$　　(6)　$y'' + y' - 2y = 2x$

(7)　$y'' + 2y' - 3y = 4e^x$　　(8)　$y'' + 2y' + 2y = 10\cos 2x$

(9)　$y'' + y' - 6y = 5xe^{2x}$　　(10)　$y^{(4)} - 2y''' + y'' = 2e^x$

2.7　連立微分方程式

2 つの未知関数 $y = y(x)$, $z = z(x)$ について，行列の積で書かれた微分方程式

$$\begin{pmatrix} P_{11}(D) & P_{12}(D) \\ P_{21}(D) & P_{22}(D) \end{pmatrix} \begin{pmatrix} y \\ z \end{pmatrix} = \begin{pmatrix} Q_1(x) \\ Q_2(x) \end{pmatrix}$$

を **2 元連立微分方程式**という．2 次正方行列の成分 $P_{ij}(D)$ は定数係数の線形微分演算子で，$Q_1(x)$, $Q_2(x)$ は x の関数である．

例題 2.24　次の連立微分方程式を解け．

$$\begin{cases} y' + y + z = e^{-x} \\ y' + 5y + z' + 2z = 0 \end{cases}$$

「解」　D を用いて表すと

$$\begin{cases} (D+1)[y] + z = e^{-x} & \cdots ① \\ (D+5)[y] + (D+2)[z] = 0 & \cdots ② \end{cases}$$

となる．$(D+2)\times$ ① $-$ ② より

$$(D+2)(D+1)[y]-(D+5)[y]=(D+2)[e^{-x}]$$

だから $(D^2+2D-3)[y]=e^{-x}$ すなわち $y''+2y'-3y=e^{-x}$ となる．

$k^2+2k-3=0$ より $k=1,-3$ だから e^x, e^{-3x} が基本解となる．また

$$\frac{1}{D^2+2D-3}[e^{-x}]=\frac{1}{(-1)^2+2\cdot(-1)-3}e^{-x}=-\frac{1}{4}e^{-x}$$

だから

$$y=-\frac{1}{4}e^{-x}+C_1e^x+C_2e^{-3x}$$

となる．これを ① に代入して z を求めると

$$\begin{aligned} z &= e^{-x}-(D+1)[y]=e^{-x}-(D+1)[-\frac{1}{4}e^{-x}+C_1e^x+C_2e^{-3x}] \\ &= -2C_1e^x+2C_2e^{-3x}+e^{-x} \end{aligned}$$

となる．

*　y, z は同じ基本解をもつが，定数の部分に違いがあることに注意する．

例題 2.25　次の連立微分方程式を解け．

$$\begin{cases} 2y'-y+3z'-2z=-5\sin x \\ y'+2y+2z'+z=5\cos x \end{cases}$$

……………………………………………………………………

「解」 D を用いて行列の積で表すと

$$\begin{pmatrix} 2D-1 & 3D-2 \\ D+2 & 2D+1 \end{pmatrix}\begin{pmatrix} y \\ z \end{pmatrix}=\begin{pmatrix} -5\sin x \\ 5\cos x \end{pmatrix}$$

であり，$\begin{pmatrix} 2D-1 & 3D-2 \\ D+2 & 2D+1 \end{pmatrix}$ の余因子行列 $\begin{pmatrix} 2D+1 & -3D+2 \\ -D-2 & 2D-1 \end{pmatrix}$ を左から掛けると

$$\begin{aligned} &\begin{pmatrix} 2D+1 & -3D+2 \\ -D-2 & 2D-1 \end{pmatrix}\begin{pmatrix} 2D-1 & 3D-2 \\ D+2 & 2D+1 \end{pmatrix}\begin{pmatrix} y \\ z \end{pmatrix} \\ &=\begin{pmatrix} 2D+1 & -3D+2 \\ -D-2 & 2D-1 \end{pmatrix}\begin{pmatrix} -5\sin x \\ 5\cos x \end{pmatrix} \end{aligned}$$

より

$$\begin{pmatrix} D^2-4D+3 & 0 \\ 0 & D^2-4D+3 \end{pmatrix}\begin{pmatrix} y \\ z \end{pmatrix}=\begin{pmatrix} 10\sin x \\ 0 \end{pmatrix}$$

となる．特殊解は，それぞれ

$$\begin{aligned} y &= \frac{1}{D^2-4D+3}[10\sin x] = \frac{10}{-4D+2}[\sin x] = 5\frac{1+2D}{1-4D^2}[\sin x] \\ &= (1+2D)[\sin x] = \sin x + 2\cos x \\ z &= 0 \end{aligned}$$

となる．基本解は $k^2-4k+3=0$ より $k=1,\ 3$ だから $e^x,\ e^{3x}$ となるので，

$$y = \sin x + 2\cos x + C_1e^x + C_2e^{3x},\quad z = D_1e^x + D_2e^{3x}$$

とおいて，$C_1,\ C_2,\ D_1,\ D_2$ の関係をみる．元の微分方程式に代入すると

$$\begin{pmatrix} 2D-1 & 3D-2 \\ D+2 & 2D+1 \end{pmatrix}\begin{pmatrix} C_1e^x + C_2e^{3x} \\ D_1e^x + D_2e^{3x} \end{pmatrix}$$

$$= \begin{pmatrix} (C_1+D_1)e^x + (5C_2+7D_2)e^{3x} \\ (C_1+D_1)e^x + (5C_2+7D_2)e^{3x} \end{pmatrix} = \begin{pmatrix} 0 \\ 0 \end{pmatrix}$$

となるので，$e^x,\ e^{3x}$ が一次独立だから $C_1=-D_1,\ C_2=-\dfrac{7}{5}D_2$ となる．よって

$$y = \sin x + 2\cos x - D_1e^x - \frac{7}{5}D_2e^{3x},\quad z = D_1e^x + D_2e^{3x}$$

となる．

【問題 2.31】　次の連立微分方程式を解け．

(1) $\begin{cases} y'+z=0 \\ y+z'=0 \end{cases}$　　(2) $\begin{cases} y'-z=0 \\ y+z'=2e^x \end{cases}$

(3) $\begin{cases} 2y'-y+z'+2z=0 \\ y'-y+z'-z=0 \end{cases}$　　(4) $\begin{cases} 3y'-7y+2z=1-7x \\ 3z'+y-8z=x+8 \end{cases}$

(5) $\begin{cases} y'+z'=0 \\ y'+2y+2z=4\cos 2x \end{cases}$　　(6) $\begin{cases} y'+y+z'=(x-1)^2 \\ y'+z'+z=2x^2-2x-1 \end{cases}$

2.8　力学への応用

例題 2.26　速度に比例した抵抗のある単振動の方程式

$$m\,x''(t) = -k\,x(t) - 2m\gamma\,x'(t),\quad x(0)=x_0,\quad x'(0)=v_0$$

を解け．ただし，m は質量，$k>0$ はばね定数，$\gamma>0$ も定数とする．

……………………………………………………………………

「解」　質量 m で割ると $x''(t)+2\gamma\,x'(t)+\dfrac{k}{m}\,x(t)=0$ となり，2 階定数係数線形斉次である．今までは特性方程式の変数を k にしたが，ばね定数で使うので λ

にする．(工学や物理では決められた文字の変数があるので臨機応変に対応する．)

$\lambda^2+2\gamma\lambda+\dfrac{k}{m}=0$ より $\lambda=-\gamma\pm\sqrt{\gamma^2-\dfrac{k}{m}}$ となるから $\gamma>0$ なので $w_0=\sqrt{\dfrac{k}{m}}$ とおくと $\gamma>w_0$, $\gamma=w_0$, $0<\gamma<w_0$ の3つに場合分けできる．

(a) $\gamma>w_0$ のとき，λ は2つの異なる実数になるから

$$\rho_1=-\gamma+\sqrt{\gamma^2-w_0^2},\ \ \rho_2=-\gamma-\sqrt{\gamma^2-w_0^2}$$

とおくと $e^{\rho_1 t}$, $e^{\rho_2 t}$ が基本解になるから

$$x=C_1e^{\rho_1 t}+C_2e^{\rho_2 t}$$

が一般解である．初期条件より

$$C_1=\frac{\rho_2x_0-v_0}{\rho_2-\rho_1},\quad C_2=\frac{-\rho_1x_0+v_0}{\rho_2-\rho_1}$$

となることがわかる．$\rho_1<0$, $\rho_2<0$ なので $t\to\infty$ のとき，単調に $x\to 0$ である．この場合，抵抗が大きいために振動ができないことを意味している．

(b) $0<\gamma<w_0$ のとき，λ は2つの異なる虚数になる．

$$\lambda=-\gamma\pm iu,\ \ u=\sqrt{w_0^2-\gamma^2}$$

とおくと $e^{-\gamma t}\cos ut$, $e^{-\gamma t}\sin ut$ が基本解になるから

$$x=C_1e^{-\gamma t}\cos ut+C_2e^{-\gamma t}\sin ut$$

が一般解である．初期条件より

$$C_1=x_0,\quad C_2=\frac{\gamma x_0+v_0}{u}$$

となることがわかる．$-\gamma<0$ なので $t\to\infty$ のとき，振動しながら $x\to 0$ である．このような振動を減衰振動という．

(c) $\gamma=w_0$ のとき，$\lambda=-\gamma$ は重解だから $e^{-\gamma t}$, $te^{-\gamma t}$ が基本解になる．よって，

$$x=C_1e^{-\gamma t}+C_2te^{-\gamma t}$$

が一般解である．初期条件より

$$C_1=x_0,\quad C_2=\gamma x_0+v_0$$

となることがわかる．$-\gamma<0$ なので $t\to\infty$ のとき，単調に $x\to 0$ であり (a),(b) よりも早く収束する．この場合を臨界制動という．

【問題 2.32】　ばねの単振動の方程式

$$m\,x''(t)=-k\,x(t),\quad x(0)=x_0,\quad x'(0)=v_0$$

を解け．ただし，m は質量，$k>0$ はばね定数．

【問題 2.33】　外力と抵抗のある単振動の方程式

$$m\,x''(t)=m\,f_0\cos\omega t-k\,x(t)-2m\gamma\,x'(t),\quad x(0)=x_0,\quad x'(0)=v_0$$

を上の例題 2.26 と同様に基本解で場合分けをして解け．ただし，m は質量，$k>0$ はばね定数，f_0 も定数，$\gamma>0$ も定数．

第 3 章

ラプラス変換

3.1 ラプラス（Laplace）変換の定義

変数 t について区間 $[\,0,+\infty)$ で定義された関数 $f(t)$ に対して，

$$\begin{aligned}\mathcal{L}[f(t)]=F(s) &= \int_0^{\infty} e^{-st}f(t)\,dt=\lim_{R\to\infty}\int_0^{R} e^{-st}f(t)\,dt\\ &= \int_0^{\infty}\exp(-st)f(t)\,dt\end{aligned}$$

を，$f(t)$ の**ラプラス変換**という．

*　$f(t)$ を原関数，$F(s)$ を像関数という．

*　e^x の x が複雑なときは，$\exp(x)$ と書くことにする．

*　関数が区分的連続であるとは，不連続点が有限個であり，その不連続点 t_0 で右極限値 $\displaystyle\lim_{t\to t_0+0} f(t)=f(+t_0)$ と左極限値 $\displaystyle\lim_{t\to t_0-0} f(t)=f(-t_0)$ が存在するときである．

これ以降考える関数は，区分的連続であるとする．

【単位階段関数】　$\mathrm{U}(t-a)=\begin{cases}1 & (t \geqq a)\\ 0 & (t<a)\end{cases}$ を**単位階段関数**という．

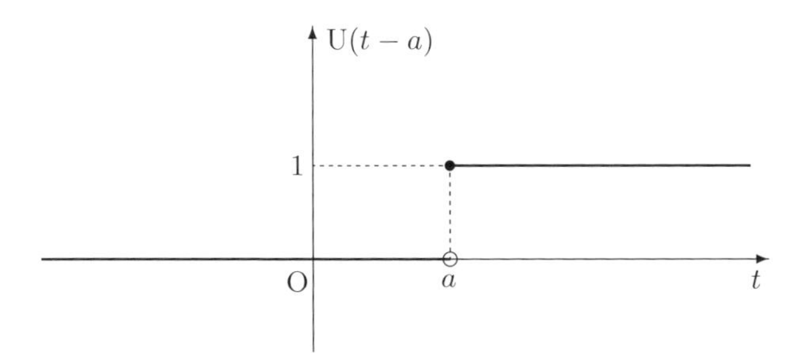

＊　工学ではしばしば不連続関数を取り扱う．したがって，$t=0$ での連続性を考慮して $\mathrm{U}(t)$ は定数関数 $f(t)=1$ と区別して取り扱うことがある．

【ガンマ関数】　$\Gamma(x)=\displaystyle\int_0^\infty e^{-t}t^{x-1}\,dt \quad (x>0)$

例題 3.1　次の関数のラプラス変換を求めよ．また，それが存在するような s の範囲を求めよ．

(1)　$\mathrm{U}(t-a)$　　(2)　e^{at}　　(3)　$\cos at$

(4)　t^a　$(a>-1)$　　(5)　$\exp(t^2)$

「解」 (1) $a=0$ のとき，$\displaystyle\int_0^R e^{-st}\cdot 1\,dt=\frac{1-e^{-sR}}{s}$ $(s\neq 0)$ であるから，$R\to\infty$ のとき $s>0$ で収束して，$\mathcal{L}[\mathrm{U}(t)]=\dfrac{1}{s}$ である．$a>0$ のとき，$x=s-a$ とおくと $dt=dx$ だから，

$$\mathcal{L}[\mathrm{U}(t-a)]=\int_a^\infty e^{-st}\,dt=e^{-sa}\int_0^\infty e^{-sx}\,dx=e^{-as}\mathcal{L}[\mathrm{U}(t)]=\frac{e^{-as}}{s}$$

であり，$s>0$ である．

(2) $e^{-st}e^{at}=e^{-(s-a)t}$ だから，$\mathcal{L}[e^{at}]=\displaystyle\int_0^\infty e^{-(s-a)t}\,dt=\frac{1}{s-a}$ $(s>a)$ である．

(3) $\displaystyle\int e^{-st}\cos at\,dt=\frac{1}{s^2+a^2}e^{-st}(a\sin at-s\cos at)$ であり，$s>0$ のとき $e^{-st}(a\sin at-s\cos at)\to 0$ $(t\to\infty)$ なので $\mathcal{L}[\cos at]=\dfrac{s}{s^2+a^2}$ である．

(4) $st=x$ とおくと $dt=\dfrac{1}{s}dx$ だから

$$\mathcal{L}[t^a]=\int_0^\infty e^{-st}t^a\,dt=\frac{1}{s^{a+1}}\int_0^\infty e^{-x}x^a\,dx=\frac{\Gamma(a+1)}{s^{a+1}}\ \ (s>0)$$

(5) $\displaystyle\int_0^R \exp(-st)\exp(t^2)dt=\int_0^R \exp(t^2-st)\,dt\to\infty$ $(R\to\infty)$ なので，ラプラス変換は存在しない．

【問題 3.1】　次の関数のラプラス変換を求めよ．また，それが存在するような s の範囲を求めよ．

(1)　k　(k は定数)　　(2)　t　　(3)　e^{-t}

(4)　$\sin at$　　(5)　$\sqrt{t}$　　(6)　$f(t)=\begin{cases}5 & (0\leqq t<3)\\ 0 & (t\geqq 3)\end{cases}$

・ 基本的な関数のラプラス変換を，表でまとめておく．

	$f(t)$	$\mathcal{L}[f]=F(s)$		$f(t)$	$\mathcal{L}[f]=F(s)$
1	$1=\mathrm{U}(t)$	$\dfrac{1}{s}\quad (s>0)$	5	e^{at}	$\dfrac{1}{s-a}\quad (s>a)$
2	t	$\dfrac{1}{s^2}\quad (s>0)$	6	$\cos at$	$\dfrac{s}{s^2+a^2}\quad (s>0)$
3	$t^n\quad (n\in\mathbb{N})$	$\dfrac{n!}{s^{n+1}}\quad (s>0)$	7	$\sin at$	$\dfrac{a}{s^2+a^2}\quad (s>0)$
4	$t^a\quad (a>-1)$	$\dfrac{\Gamma(a+1)}{s^{a+1}}\quad (s>0)$	8	$\mathrm{U}(t-a)$	$\dfrac{e^{-as}}{s}\quad (s>0)$

【定理 3.1】　（ガンマ関数の性質）

(1)　$\Gamma(1)=1,\ \Gamma\left(\dfrac{1}{2}\right)=\sqrt{\pi}$

(2)　$\Gamma(x+1)=x\Gamma(x)$

(3)　x が自然数 n ならば，$\Gamma(n)=(n-1)!$

例題 3.2　$\Gamma(4)$ の値を求めよ．

··

「解」 $\Gamma(4)=3\Gamma(3)=3\cdot 2\Gamma(2)=6\Gamma(1)=6$

【問題 3.2】　次の値を求めよ．

(1) $\Gamma(3)$　(2) $\Gamma(5)$　(3) $\Gamma\left(\dfrac{3}{2}\right)$　(4) $\Gamma\left(\dfrac{5}{2}\right)$

3.2　ラプラス変換の性質

3.2.1　線形性

【定理 3.2】　[線形性]

$k_1,\ k_2$ を定数として，$\mathcal{L}[f(t)]=F(s),\ \mathcal{L}[g(t)]=G(s)$ とすると，

$$\mathcal{L}[k_1 f(t)+k_2 g(t)]=k_1F(s)+k_2G(s)$$

例題 3.3　関数 $f(t) = 3t + 4\cos 2t - 5e^{-3t}$ のラプラス変換を求めよ．

「解」 表の公式よりそれぞれ

$$\mathcal{L}[t] = \frac{1}{s^2},\quad \mathcal{L}[\cos 2t] = \frac{s}{s^2+4},\quad \mathcal{L}[e^{-3t}] = \frac{1}{s+3}$$

なので

$$\mathcal{L}[f(t)] = 3\left(\frac{1}{s^2}\right) + 4\left(\frac{s}{s^2+4}\right) - 5\left(\frac{1}{s+3}\right) = \frac{3}{s^2} + \frac{4s}{s^2+4} - \frac{5}{s+3}$$

【問題 3.3】 次の関数のラプラス変換を求めよ．

(1) $2t^2 - 4t + 3$　(2) $3\cos 2t - \sin 2t$　(3) $\cosh at$　(4) $\sinh at$

3.2.2 移動法則

【定理 3.3】 [移動法則]

$a > 0$ として，$\mathcal{L}[f(t)] = F(s)$ とすると，

$$\mathcal{L}[f(t-a)\cdot \mathrm{U}(t-a)] = e^{-as}F(s),$$

$$\mathcal{L}[f(t+a)] = e^{as}\left\{F(s) - \int_0^a e^{-st}f(t)\,dt\right\}$$

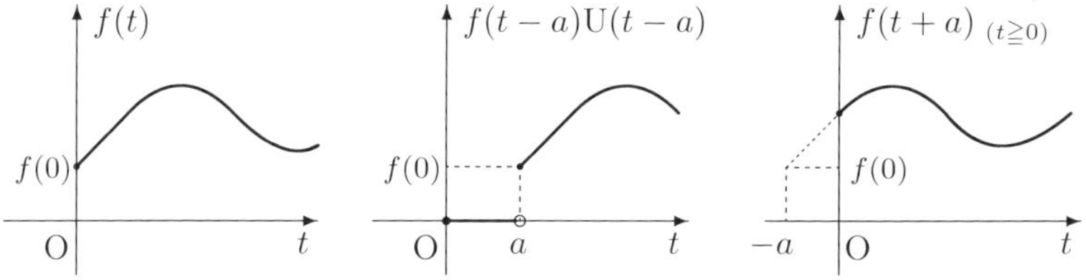

例題 3.4　$a > 0$ のとき関数 $f(t) = \sin t$ について $f(t-a)\mathrm{U}(t-a)$ と $f(t+a)$ のラプラス変換を求めよ．

「解」 $\mathcal{L}[\sin t] = \dfrac{1}{s^2+1}$ だから，$\mathcal{L}[f(t-a)\mathrm{U}(t-a)] = \dfrac{e^{-as}}{s^2+1}$ であり，

$$\begin{aligned}\mathcal{L}[f(t+a)] &= e^{as}\left\{\frac{1}{s^2+1} - \int_0^a e^{-st}\sin t\,dt\right\}\\ &= e^{as}\left\{\frac{1}{s^2+1} + \left[\frac{e^{-st}}{s^2+1}(\cos t + s\sin t)\right]_0^a\right\} = \frac{\cos a + s\sin a}{s^2+1}\end{aligned}$$

【問題 3.4】　次の関数について $f(t-a)\mathrm{U}(t-a)$ と $f(t+a)$ のラプラス変換を求めよ．

(1) $f(t)=t$　(2) $f(t)=\cos t$

3.2.3　像の移動法則

【定理 3.4】　[像の移動法則]

$\mathcal{L}[f(t)]=F(s)$ とすると，$\mathcal{L}[e^{at}f(t)]=F(s-a)$

例題 3.5　関数 $f(t)=e^{at}\cos bt$ のラプラス変換を求めよ．

「解」 $\mathcal{L}[\cos bt]=\dfrac{s}{s^2+b^2}$ なので $\mathcal{L}[f(t)]=\dfrac{s-a}{(s-a)^2+b^2}$

【問題 3.5】　次の関数のラプラス変換を求めよ．

(1) te^{2t}　(2) t^2e^{-t}　(3) $e^{2t}\sin 3t$　(4) $e^{5t}\cos 2t$

3.2.4　相似法則

【定理 3.5】　[相似法則]

k を定数とし，$\mathcal{L}[f(t)]=F(s)$ とすると，$\mathcal{L}[f(kt)]=\dfrac{1}{k}F\left(\dfrac{s}{k}\right)$

例題 3.6　$\mathcal{L}\left[\dfrac{1}{\sqrt{t}}\right]=\dfrac{\sqrt{\pi}}{\sqrt{s}}$ がわかっているとき $f(t)=\dfrac{1}{\sqrt{2t}}$ のラプラス変換を求めよ．

「解」 $k=2$ として定理 3.5 を用いると $\mathcal{L}\left[\dfrac{1}{\sqrt{2t}}\right]=\dfrac{1}{2}\cdot\dfrac{\sqrt{\pi}}{\sqrt{\dfrac{s}{2}}}=\dfrac{\sqrt{\pi}}{\sqrt{2s}}$　となる．

【問題 3.6】　$\mathcal{L}[e^t]=\dfrac{1}{s-1}$, $\mathcal{L}[\sin t]=\dfrac{1}{s^2+1}$, $\mathcal{L}[\cos t]=\dfrac{s}{s^2+1}$ がわかっているとき，次の関数のラプラス変換を相似法則で求めよ．

(1) e^{at}　(2) $\sin at$　(3) $\cos at$

3.2.5　微分法則

【定理 3.6】　[微分法則]

n を自然数とし，$f(t)$, $f'(t)$, $\cdots$, $f^{(n-1)}(t)$ は連続で，$f^{(n)}(t)$ は区分的連続とする．このとき，$\mathcal{L}[f(t)] = F(s)$ とすると

$$\mathcal{L}[f^{(n)}(t)] = s^n F(s) - f(0)s^{n-1} - f'(0)s^{n-2} - \cdots - f^{(n-1)}(0)$$

特に，$n = 1$ のとき，$\mathcal{L}[f'(t)] = sF(s) - f(0)$ である．

例題 3.7　微分法則を利用して $f(t) = t^n$ のラプラス変換を求めよ．

ただし，n は自然数とする．

「解」　$f(t) = t^n$ に対して，

$$f(0) = f'(0) = \cdots = f^{(n-1)}(0) = 0$$

なので，微分法則から $\mathcal{L}\left[(t^n)^{(n)}\right] = s^n \mathcal{L}[t^n]$ である．一方，$(t^n)^{(n)} = n!$ より

$$s^n \mathcal{L}[t^n] = \mathcal{L}[n!] = n!\mathcal{L}[1] = \frac{n!}{s}$$

だから $\mathcal{L}[t^n] = \dfrac{n!}{s^{n+1}}$ である．

例題 3.8　微分方程式 $y'' - 6y' + 10y = 5e^t$ と初期条件 $y(0) = 3,\ y'(0) = 0$ が与えられているとき，微分法則を利用して y のラプラス変換を求めよ．

「解」　$\mathcal{L}[y] = Y$ とおくと

$$\bigl(s^2Y - sy(0) - y'(0)\bigr) - 6\bigl(sY - y(0)\bigr) + 10Y = \frac{5}{s-1}$$

より $(s^2 - 6s + 10)Y = 3s - 18 + \dfrac{5}{s-1}$ だから

$$Y = \frac{3s^2 - 21s + 23}{(s-1)(s^2 - 6s + 10)}$$

【問題 3.7】　次の関数のラプラス変換を微分法則で求めよ．

(1) e^{at}　(2) $\sin at$　(3) $\cos at$　(4) $\sinh at$　(5) $\cosh at$

【問題 3.8】　次の微分方程式と初期条件について，y のラプラス変換を求めよ．

(1) $y' + y = 2e^{-t},\quad y(0) = 1$
(2) $y' - 2y = 5\cos t,\quad y(0) = C$
(3) $y'' - y' - 6y = 0,\quad y(0) = 1,\ y'(0) = -2$
(4) $y'' + 6y' + 10y = 0,\quad y(0) = 2,\ y'(0) = 2$
(5) $y'' - 5y' + 6y = e^t,\quad y(0) = 0,\ y'(0) = 0$
(6) $y'' + y' - 2y = 60\cos 2t,\quad y(0) = 0,\ y'(0) = 0$
(7) $y'' - 2y' + y = 2te^t,\quad y(0) = 1,\ y'(0) = 0$

3.2.6　像の微分法則

【定理 3.7】　[像の微分法則]

n を自然数とし，$\mathcal{L}[f(t)] = F(s)$ とすると，

$$\mathcal{L}[(-t)^n f(t)] = F^{(n)}(s)$$

特に，$n = 1$ のとき，$\mathcal{L}[-tf(t)] = F'(s)$ である．

例題 3.9　像の微分法則を利用して $f(t) = t\sin at$ のラプラス変換を求めよ．

「解」 $F(s) = \mathcal{L}[\sin at] = \dfrac{a}{s^2 + a^2}$ であるから，

$F'(s) = \mathcal{L}[-t\sin at] = \dfrac{-2as}{(s^2 + a^2)^2}$ となる．よって，$\mathcal{L}[t\sin at] = \dfrac{2as}{(s^2 + a^2)^2}$

【問題 3.9】　次の関数のラプラス変換を像の微分法則で求めよ．

(1) te^{at}　(2) $t^2\sin at$　(3) $t\cos at$　(4) $t\sinh at$　(5) $t^2\cosh at$

3.2.7　積分法則

【定理 3.8】　[積分法則]

$\mathcal{L}[f(t)] = F(s)$ とすると，$\mathcal{L}\left[\displaystyle\int_0^t f(x)\ dx\right] = \dfrac{1}{s}F(s)$

例題 3.10　積分法則を利用して $f(t) = \int_0^t \cos ax \, dx$ のラプラス変換を求めよ．

「解」 $F(s) = \mathcal{L}[\cos at] = \dfrac{s}{s^2+a^2}$ であるから，$\mathcal{L}\left[\int_0^t \cos ax \, dx\right] = \dfrac{1}{s^2+a^2}$ となる．

なお，$\int_0^t \cos ax \, dx = \dfrac{1}{a}\sin at$ より，$\mathcal{L}\left[\dfrac{1}{a}\sin at\right] = \dfrac{1}{s^2+a^2}$ と一致する．

【問題 3.10】　次の関数のラプラス変換を積分法則で求めよ．

(1) $\int_0^t e^{2x} \, dx$　　(2) $\int_0^t \sin ax \, dx$

(3) $\int_0^t e^{ax} x \, dx$　　(4) $\int_0^t \left(\int_0^x \cos au \, du\right) dx$

3.2.8　像の積分法則

【定理 3.9】　[像の積分法則]

$\mathcal{L}[f(t)] = F(s)$ とすると，$\mathcal{L}\left[\dfrac{f(t)}{t}\right] = \int_s^\infty F(u) \, du$

例題 3.11　像の積分法則を利用して $f(t) = \dfrac{\sin t}{t}$ のラプラス変換を求めよ．

「解」 $\mathcal{L}\left[\dfrac{\sin t}{t}\right] = \int_s^\infty \dfrac{1}{u^2+1} \, du = \left[\tan^{-1} u\right]_s^\infty = \dfrac{\pi}{2} - \tan^{-1} s$

【問題 3.11】　次の関数のラプラス変換を像の積分法則で求めよ．

(1) $\dfrac{e^{3t}-e^{2t}}{t}$　(2) $\dfrac{\sinh 2t}{t}$　(3) $\dfrac{1-e^{-t}}{t}$

3.2.9　たたみこみ

【たたみこみ】

区間 $t \geqq 0$ で定義された関数 $f(t)$, $g(t)$ に対して，次で決まる関数 $h(t)$ を

「たたみこみ」もしくは**合成積**といい，$h(t) = f(t) * g(t)$ で表す．

$$h = f * g = \int_0^t f(t-u)g(u)\,du$$

【定理 3.10】 関数 $f(t)$, $g(t)$ のたたみこみ $f * g$ について，

$$\mathcal{L}[f * g] = \mathcal{L}[f]\,\mathcal{L}[g], \qquad f(t) * g(t) = g(t) * f(t)$$

例題 3.12 2つの関数 $f(t) = \cos at$, $g(t) = \sin at$ のたたみこみとそのラプラス変換を求めよ．

「解」

$$\begin{aligned} f * g(t) &= \int_0^t \cos a(t-u) \sin au\,du \\ &= \frac{1}{2}\int_0^t \Big\{\sin at + \sin(2au - at)\Big\} du = \frac{t}{2}\sin at \end{aligned}$$

であり，たたみこみの法則により，

$$\mathcal{L}[f * g] = \frac{1}{2}\mathcal{L}[t \sin at] = \frac{s}{s^2 + a^2} \cdot \frac{a}{s^2 + a^2} = \frac{as}{(s^2 + a^2)^2}$$

【問題 3.12】 次のたたみこみとそのラプラス変換を求めよ．

(1) $1 * t$　(2) $t * t$　(3) $e^t * e^{2t}$

(4) $e^t * t$　(5) $\sin at * \sin at$　(6) $e^{at} * \sin bt$

例題 3.13 積分方程式 $y(t) = t^2 + \displaystyle\int_0^t y(u)\sin(t-u)\,du$ の解 y のラプラス変換を求めよ．

「解」 積分の部分はたたみこみなので $y = t^2 + y * \sin t$ と表せる．$\mathcal{L}[y] = Y$ とおき，両辺をラプラス変換をすると，$Y = \dfrac{2}{s^3} + \dfrac{Y}{s^2+1}$ である．よって　$Y = \dfrac{2(s^2+1)}{s^5}$

【問題 3.13】 次の積分方程式の解 y のラプラス変換を求めよ．

(1) $\displaystyle\int_0^t y(u)\cos(t-u)\,du = t^2 + 2$　(2) $\displaystyle\int_0^t y(u)\sin(t-u)\,du = t^2 + t$

(3) $y(t) + \displaystyle\int_0^t y(u)e^{t-u}\,du = \cos 2t$　(4) $y(t) = t + 2\displaystyle\int_0^t y(u)\cos(t-u)\,du$

3.2.10　周期関数

【定理 3.11】　[周期関数]

$0 \leqq t < T$ で定義された関数 $\phi(t)$ に対して，$t \geqq T$ では $\phi(t) = 0$ のように拡張する．このとき，$0 \leqq t < T$, $n = 0, 1, 2, \cdots$ に対して，$f(t)$, $g(t)$, $h(t)$ をそれぞれ，

$$f(t + nT) = \phi(t), \qquad g(t + nT) = (-1)^n \phi(t), \qquad h(t) = \frac{1}{2}\bigl(f(t) + g(t)\bigr)$$

とすると，($f(t)$, $g(t)$, $h(t)$ はそれぞれ，周期 T, $2T$, $2T$ をもつ)

$$\mathcal{L}[f] = \frac{\mathcal{L}[\phi]}{1 - e^{-sT}}, \qquad \mathcal{L}[g] = \frac{\mathcal{L}[\phi]}{1 + e^{-sT}}, \qquad \mathcal{L}[h] = \frac{\mathcal{L}[\phi]}{1 - e^{-2sT}}$$

例題 3.14　$f_0(t) = \begin{cases} \sin t & (0 \leqq t < \pi) \\ 0 & (\pi \leqq t < 2\pi) \end{cases}$ を周期 2π に拡張した周期関数 $f(t)$ のラプラス変換を求めよ．

・・

「解」 $\phi(t) = \sin t$, $(0 \leqq t < \pi)$ に対して，$T = \pi$ として，$h(t)$ を考えればよい．

$\phi(t) = \sin t + \bigl(\sin(t - \pi)\bigr)\mathrm{U}(t - \pi)$ であり $\mathcal{L}[\sin t] = \dfrac{1}{s^2 + 1}$ であるから，移動法則より，$\mathcal{L}[\phi] = \dfrac{1}{s^2 + 1} + e^{-\pi s}\dfrac{1}{s^2 + 1}$ となる．よって

$$\mathcal{L}[f] = \frac{1}{1 - e^{-2\pi s}} \cdot \frac{1 + e^{-\pi s}}{s^2 + 1} = \frac{1}{(1 - e^{-\pi s})(s^2 + 1)}$$

【問題 3.14】　次の関数のラプラス変換を求めよ．

(1)　$\begin{cases} 1 & (0 \leqq t < 1) \\ 0 & (t \geqq 1) \end{cases}$　　(2)　t $(0 \leqq t < 1)$ (周期 1)

(3)　$\begin{cases} 1 & (0 \leqq t < 1) \\ -1 & (1 \leqq t < 2) \end{cases}$ (周期 2)　　(4)　$\begin{cases} 1 & (0 \leqq t < 1) \\ 0 & (1 \leqq t < 2) \end{cases}$ (周期 2)

3.2.11　ディラック（Dirac）のデルタ関数

【ディラックのデルタ関数】

$w > 0$ に対して，関数

$$f_w(t) = \frac{1}{w}\Big\{\mathrm{U}(t) - \mathrm{U}(t-w)\Big\}$$

を考える．これはすべての w で $\displaystyle\int_{-\infty}^{\infty} f_w(t)\, dt = 1$ である．このとき，

$$\delta(t) = \lim_{w \to 0} f_w(t)$$

を**ディラックのデルタ関数**または**単位衝撃関数**という．$\delta(t)$ は通常の意味で関数ではないが，工学の分野では有効に用いられている．

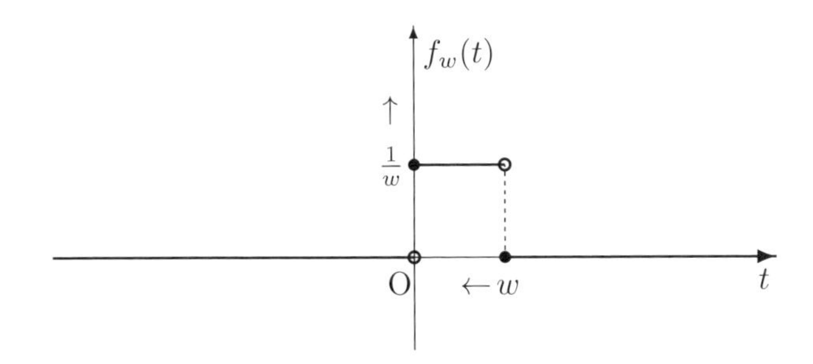

【定理 3.12】　$\delta(t)$ に関して次のことが成り立つ．

(1) $\displaystyle\int_{-\infty}^{\infty} \delta(t)\, dt = 1$

(2) すべての関数 $g(t)$ に対して

$$\int_{-\infty}^{\infty} \delta(t)g(t)\, dt = g(0), \quad \int_{-\infty}^{\infty} \delta(t-a)g(t)\, dt = g(a)$$

(3) $\mathrm{U}'(t) = \delta(t),\ \ \mathrm{U}'(t-a) = \delta(t-a)$

(4) $\mathcal{L}[\delta(t)] = 1,\ \ \mathcal{L}[\delta(t-a)] = e^{-as}$

【問題 3.15】　次の積分を計算せよ．ただし，$a \geqq 0$ とする．

(1) $\displaystyle\int_{-\infty}^{\infty} \delta(t)\, e^{2t}\, dt$　(2) $\displaystyle\int_{-\infty}^{\infty} \delta(t-\pi)\, \cos t\, dt$　(3) $\displaystyle\int_{0}^{a} \delta(t-\pi)\, \sin(a-t)\, dt$

例題 3.15　$\mathcal{L}[\delta(t)] = 1$ を確かめよ．

「解」 線形性と移動法則により

$$\begin{aligned}\mathcal{L}[f_w(t)] &= \mathcal{L}\left[\frac{1}{w}\left\{\mathrm{U}(t) - \mathrm{U}(t-w)\right\}\right] \\ &= \frac{1}{w}\left(\frac{1}{s} - \frac{e^{-ws}}{s}\right) = \frac{1}{ws}\left(1 - e^{-ws}\right) \\ &= \frac{1}{ws}\left\{1 - \left(1 + \frac{1}{1!}(-ws) + \frac{1}{2!}(-ws)^2 + \frac{1}{3!}(-ws)^3 + \cdots\right)\right\} \\ &= 1 - \frac{ws}{2} + \frac{(ws)^2}{6} - \cdots\end{aligned}$$

となるから $w \to 0$ とすれば $\mathcal{L}[\delta(t)] = 1$ となる．

【問題 3.16】　次の等式をこれまでの法則を用いて確かめよ．

(1) $\mathcal{L}[\delta(kt)] = \dfrac{1}{k}$　　(2) $\mathcal{L}[\delta(t-a)] = e^{-as}$

3.3　逆ラプラス変換の定義

$f(t)$ のラプラス変換を $\mathcal{L}[f(t)] = F(s)$ とするとき，$f(t)$ を $F(s)$ の**逆ラプラス変換**とよぶ．このとき，$f(t) = \mathcal{L}^{-1}[F(s)]$ と書く．

例えば，

$$\mathcal{L}[e^t] = \frac{1}{s-1} \qquad \Longleftrightarrow \qquad \mathcal{L}^{-1}\left[\frac{1}{s-1}\right] = e^t$$

しかし，$f_1(t) = e^t$ と $f_2(t) = \begin{cases} 0 & (t = 1) \\ e^t & (t \neq 1) \end{cases}$ は異なる関数だが，同じラプラス変換 $\mathcal{L}[f_1] = \mathcal{L}[f_2] = \dfrac{1}{s-1}$ をもつので逆ラプラス変換をどちらにするか困る．このことは積分の性質上どうしようもなく，以下 $f(t)$ は次の定理3.13を満たすものを考え，有限個の点での値の違いは無視することにする．

【定理 3.13】　$f(t)$ が区分的に連続で，ラプラス変換をもつ関数に限定すれば，$\mathcal{L}^{-1}[F(s)] = f(t)$ は有限個の点を除いて1通りに定まる．

【問題 3.17】　表の公式により，次の関数の逆ラプラス変換を求めよ．

(1) $\dfrac{1}{s^2}$　(2) $\dfrac{s}{s^2+1}$　(3) $\dfrac{2}{s^2+4}$　(4) $\dfrac{1}{s+1}$　(5) $\dfrac{1}{s-2}$

3.4　逆ラプラス変換の性質

3.4.1　線形性

【定理 3.14】　[線形性]

k_1, k_2 を定数として，$\mathcal{L}^{-1}[F(s)] = f(t)$, $\mathcal{L}^{-1}[G(s)] = g(t)$ とすると，

$$\mathcal{L}^{-1}[k_1\,F(s) + k_2\,G(s)] = k_1\,f(t) + k_2\,g(t)$$

例題 3.16　関数 $F(s) = \dfrac{3}{s^2} + \dfrac{4s}{s^2+4} - \dfrac{5}{s+3}$ の逆ラプラス変換を求めよ．

「解」 表の公式よりそれぞれ

$$\mathcal{L}[t] = \frac{1}{s^2},\ \mathcal{L}[\cos 2t] = \frac{s}{s^2+4},\ \mathcal{L}[e^{-3t}] = \frac{1}{s+3}$$

なので

$$\begin{aligned}
&\mathcal{L}^{-1}\left[\frac{3}{s^2} + \frac{4s}{s^2+4} - \frac{5}{s+3}\right] \\
&\quad = 3\mathcal{L}^{-1}\left[\frac{1}{s^2}\right] + 4\mathcal{L}^{-1}\left[\frac{s}{s^2+4}\right] - 5\mathcal{L}^{-1}\left[\frac{1}{s+3}\right] \\
&\quad = 3t + 4\cos 2t - 5e^{-3t}
\end{aligned}$$

【問題 3.18】　次の関数の逆ラプラス変換を求めよ．

(1) $\dfrac{4}{s^3} - \dfrac{4}{s^2} + \dfrac{3}{s}$　　(2) $\dfrac{3s}{s^2+4} - \dfrac{2}{s^2+4}$

(3) $\dfrac{1}{s} + \dfrac{2}{s-1} + \dfrac{3}{s-2}$　　(4) $\dfrac{5s-6}{s^2+9}$

3.4.2　移動法則

【定理 3.15】　[移動法則]

$\mathcal{L}^{-1}[F(s)] = f(t)$ とすると，$\mathcal{L}^{-1}[F(s-a)] = e^{at}f(t)$

例題 3.17　関数 $\dfrac{1}{s^2-2s+5}=\dfrac{1}{(s-1)^2+4}$ の逆ラプラス変換を求めよ．

「解」　$\mathcal{L}^{-1}\left[\dfrac{1}{s^2+4}\right]=\dfrac{1}{2}\sin 2t$ だから，$\mathcal{L}^{-1}\left[\dfrac{1}{s^2-2s+5}\right]=\dfrac{1}{2}e^t\sin 2t$ である．

【問題 3.19】　次の関数の逆ラプラス変換を求めよ．

(1) $\dfrac{1}{s^2+2s+2}$　(2) $\dfrac{s-1}{s^2-2s+5}$　(3) $\dfrac{s-2}{s^2+2s+10}$　(4) $\dfrac{3s+2}{s^2-4s+8}$

3.4.3　像の移動法則

【定理 3.16】　[像の移動法則]

$\mathcal{L}^{-1}[F(s)]=f(t)$ とすると，

$$\mathcal{L}^{-1}[e^{-as}F(s)]=\begin{cases} f(t-a) & (t \geqq a) \\ 0 & (t<a) \end{cases}=f(t-a)\mathrm{U}(t-a)$$

例題 3.18　関数 $\dfrac{e^{-\pi s/3}}{s^2+1}$ の逆ラプラス変換を求めよ．

「解」　$\mathcal{L}^{-1}\left[\dfrac{1}{s^2+1}\right]=\sin t$ なので

$$\mathcal{L}^{-1}\left[\frac{e^{-\pi s/3}}{s^2+1}\right]=\begin{cases} \sin(t-\pi/3) & (t \geqq \pi/3) \\ 0 & (t<\pi/3) \end{cases}=\sin(t-\pi/3)\cdot\mathrm{U}(t-\pi/3)$$

【問題 3.20】　次の関数の逆ラプラス変換を求めよ．

(1) $\dfrac{e^{-2s}}{s^2}$　(2) $\dfrac{2e^{-3s}}{s^2+4}$　(3) $\dfrac{e^{-3s}}{s^2-2s+5}$

3.4.4　相似法則

【定理 3.17】　[相似法則]

k を定数とし，$\mathcal{L}^{-1}[F(s)]=f(t)$ とすると，

$$\mathcal{L}^{-1}[F(ks)]=\frac{1}{k}f\left(\frac{t}{k}\right)$$

例題 3.19 関数 $\dfrac{2s}{(2s)^2+16}$ の逆ラプラス変換を求めよ．

「解」 $\mathcal{L}^{-1}\left[\dfrac{1}{s^2+16}\right]=\cos 4t$ であるから，

$$\mathcal{L}^{-1}\left[\frac{2s}{(2s)^2+16}\right]=\frac{1}{2}\cos\frac{4t}{2}=\frac{1}{2}\cos 2t$$

【問題 3.21】 次の関数の逆ラプラス変換を相似法則で求めよ．

(1) $\dfrac{1}{3s-1}$ (2) $\dfrac{1}{9s^2+1}$ (3) $\dfrac{3s}{9s^2+1}$

3.4.5 微分法則

【定理 3.18】 [微分法則]

n を自然数とし，$\mathcal{L}^{-1}[F(s)]=f(t)$ とすると，

$$\mathcal{L}^{-1}[F^{(n)}(s)]=(-1)^n t^n f(t)$$

例題 3.20 $\mathcal{L}^{-1}\left[\dfrac{1}{s^2+1}\right]=\sin t$ を利用して $\dfrac{s}{(s^2+1)^2}$ の逆ラプラス変換を求めよ．

「解」 $\left(\dfrac{1}{s^2+1}\right)'=-\dfrac{2s}{(s^2+1)^2}$ だから，微分法則より

$$\mathcal{L}^{-1}\left[\frac{s}{(s^2+1)^2}\right]=-\frac{1}{2}(-1)t\sin t=\frac{1}{2}t\sin t$$

【問題 3.22】 次の関数の逆ラプラス変換を微分法則で求めよ．

(1) $\mathcal{L}^{-1}\left[\dfrac{1}{s^2+2s+2}\right]=e^{-t}\sin t$ から $\dfrac{s+1}{(s^2+2s+2)^2}$

(2) $\mathcal{L}^{-1}\left[\dfrac{1}{s-1}\right]=e^{t}$ から $\dfrac{1}{(s-1)^3}$

(3) $\mathcal{L}^{-1}\left[\dfrac{s}{s^2+1}\right]=\cos t$ から $\dfrac{1}{(s^2+1)^2}$

例題 3.21　関数 $\dfrac{4s+5}{(s^2+2s+2)^2}$ の逆ラプラス変換を求めよ．

「解」 公式と移動法則より

$$\mathcal{L}^{-1}\left[\frac{1}{s^2+2s+2}\right]=e^{-t}\sin t,\quad \mathcal{L}^{-1}\left[\frac{s+1}{s^2+2s+2}\right]=e^{-t}\cos t$$

だから，微分法則より

$$\mathcal{L}^{-1}\left[\frac{-(2s+2)}{(s^2+2s+2)^2}\right]=(-t)e^{-t}\sin t,\quad \mathcal{L}^{-1}\left[\frac{-(s^2+2s)}{(s^2+2s+2)^2}\right]=(-t)e^{-t}\cos t$$

である．ここで，$\dfrac{s^2+2s}{(s^2+2s+1)^2}=\dfrac{1}{s^2+2s+2}-\dfrac{2}{(s^2+2s+1)^2}$ だから，

$$\mathcal{L}^{-1}\left[\frac{1}{(s^2+2s+2)^2}\right]=\frac{1}{2}\Big(e^{-t}\sin t-e^{-t}\cos t\Big)$$

である．よって

$$\begin{aligned}\mathcal{L}^{-1}\left[\frac{4s+5}{(s^2+2s+1)^2}\right]&=\mathcal{L}^{-1}\left[\frac{2(2s+2)+1}{(s^2+2s+1)^2}\right]\\&=2te^{-t}\sin t+\frac{1}{2}e^{-t}\sin t-\frac{1}{2}te^{-t}\cos t\end{aligned}$$

【問題 3.23】　次の関数の逆ラプラス変換を求めよ．

(1) $\dfrac{2s+4}{(s^2+1)^2}$　(2) $\dfrac{4s-6}{(s^2-2s+2)^2}$　(3) $\dfrac{2s-6}{(s^2-4s+5)^2}$

3.4.6　像の微分法則

【定理 3.19】　[像の微分法則]

$\mathcal{L}^{-1}[F(s)]=f(t)$ とすると，$\mathcal{L}^{-1}[sF(s)]=f'(t)+f(0)\delta(t)$

ただし，$\delta(t)$ はディラックのデルタ関数である．

例題 3.22　$\mathcal{L}^{-1}\left[\dfrac{1}{s^2+1}\right]=\sin t$ と像の微分法則を利用して $\dfrac{s}{s^2+1}$ の逆ラプラス変換を求めよ．

「解」 $\sin 0=0$ であるから，$\mathcal{L}^{-1}\left[\dfrac{s}{s^2+1}\right]=\dfrac{d}{dt}(\sin t)=\cos t$

【問題 3.24】 次の関数の逆ラプラス変換を $\mathcal{L}^{-1}\left[\dfrac{s}{(s^2+1)^2}\right]=\dfrac{1}{2}t\sin t$ と像の微分法則で求めよ.

(1) $\dfrac{s^2}{(s^2+1)^2}$　(2) $\dfrac{s^3}{(s^2+1)^2}$　(3) $\dfrac{s^4}{(s^2+1)^2}$

3.4.7　積分法則

【定理 3.20】 [積分法則]

$\mathcal{L}^{-1}[F(s)]=f(t)$ とすると, $\mathcal{L}^{-1}\left[\displaystyle\int_s^\infty F(u)\,du\right]=\dfrac{f(t)}{t}$

例題 3.23 $\displaystyle\int_s^\infty\left(\frac{1}{u}-\frac{1}{u+1}\right)du=\log\left(1+\frac{1}{s}\right)$ の逆ラプラス変換を求めよ.

「解」 $\mathcal{L}^{-1}\left[\dfrac{1}{s}-\dfrac{1}{s+1}\right]=1-e^{-t}$ であるから,

$$\mathcal{L}^{-1}\left[\log\left(1+\frac{1}{s}\right)\right]=\frac{1-e^{-t}}{t}$$

【問題 3.25】 次の定積分を計算し, その逆ラプラス変換を求めよ.

(1) $\displaystyle\int_s^\infty\left(\frac{1}{u+1}-\frac{1}{u+2}\right)du$　(2) $\displaystyle\int_s^\infty\frac{1}{u^2+1}\,du$

3.4.8　像の積分法則

【定理 3.21】 [像の積分法則]

$\mathcal{L}^{-1}[F(s)]=f(t)$ とすると, $\mathcal{L}^{-1}\left[\dfrac{F(s)}{s}\right]=\displaystyle\int_0^t f(u)\,du$

例題 3.24 像の積分法則を利用して $\dfrac{1}{s(s^2+4)}$ の逆ラプラス変換を求めよ.

「解」 $\mathcal{L}^{-1}\left[\dfrac{1}{s^2+4}\right]=\dfrac{1}{2}\sin 2t$ より

$$\mathcal{L}^{-1}\left[\frac{1}{s(s^2+4)}\right]=\int_0^t\frac{1}{2}\sin 2u\,du=\frac{1-\cos 2t}{4}$$

【問題 3.26】 次の関数の逆ラプラス変換を像の積分法則で求めよ．

(1) $\dfrac{1}{s(s^2+1)}$　(2) $\dfrac{1}{s^2(s^2+1)}$　(3) $\dfrac{1}{s^3(s^2+1)}$

3.4.9 たたみこみ

【定理 3.22】 ［たたみこみ］

$\mathcal{L}^{-1}[F(s)] = f(t)$, $\mathcal{L}^{-1}[G(s)] = g(t)$ のとき，

$$\mathcal{L}^{-1}[F(s)G(s)] = f(t) * g(t) = \int_0^t f(t-u)g(u)\,du$$

例題 3.25 たたみこみを用いて，$\dfrac{1}{s^2(s+1)^2}$ の逆ラプラス変換を求めよ．

「解」 $\mathcal{L}^{-1}\left[\dfrac{1}{s^2}\right] = t$, $\mathcal{L}^{-1}\left[\dfrac{1}{(s+1)^2}\right] = te^{-t}$ より

$$\begin{aligned}
\mathcal{L}^{-1}\left[\frac{1}{s^2(s+1)^2}\right] &= (t) * (te^{-t}) = \int_0^t (ue^{-u})(t-u)\,du \\
&= \int_0^t e^{-u}(tu-u^2)\,du \\
&= \Big[-e^{-u}(tu-u^2) - e^{-u}(t-2u) + 2e^{-u}\Big]_0^t \\
&= te^{-t} + t + 2e^{-t} - 2
\end{aligned}$$

【問題 3.27】 たたみこみを用いて，次の関数の逆ラプラス変換を求めよ．

(1) $\dfrac{1}{s(s-1)}$　(2) $\dfrac{1}{s(s^2+1)}$　(3) $\dfrac{1}{(s+3)(s-1)}$

(4) $\dfrac{1}{(s+2)^2(s-2)}$　(6) $\dfrac{1}{(s+1)(s^2+1)}$　(6) $\dfrac{s^2}{(s^2+4)^2}$

3.5 部分分数分解

$P(s)$, $Q(s)$ は多項式で，$\big(P(s)$ の次数$\big) < \big(Q(s)$ の次数$\big)$ とする．このとき，分数式 $\dfrac{P(s)}{Q(s)}$ は，$\dfrac{A}{(as+b)^r}$, $\dfrac{As+B}{(as^2+bs+c)^r}$, $r = 1,\ 2,\ 3,\ \cdots$ の形の

分数式（部分分数という）の和で書ける．例えば，

$$\frac{3s-2}{(s+1)(2s+1)^3} = \frac{A}{s+1} + \frac{B}{(2s+1)^3} + \frac{C}{(2s+1)^2} + \frac{D}{2s+1}$$

$$\frac{3s^2+4s+5}{(s-1)(s^2+2s+3)^2} = \frac{A}{s-1} + \frac{Bs+C}{(s^2+2s+3)^2} + \frac{Ds+E}{s^2+2s+3}$$

とおき，分数を通分して両辺の分子の s の係数を比較することにより，定数 A, B, C, D, E を求める．これにより，各部分分数の逆ラプラス変換を求めればよい．

例題 3.26　次の関数の逆ラプラス変換を求めよ．

(1) $\dfrac{3s-1}{(s-3)(s+1)}$　(2) $\dfrac{5s^2-s+2}{(s-1)(s^2+1)}$

…………………………………………………………………………………

「解」 (1) $\dfrac{3s-1}{(s-3)(s+1)} = \dfrac{A}{s-3} + \dfrac{B}{s+1}$ とおくと，

$$\frac{3s-1}{(s-3)(s+1)} = \frac{As+A+Bs-3B}{(s-3)(s+1)}$$

だから，両辺を比較して $\begin{cases} A+B=3 \\ A-3B=-1 \end{cases}$ より，$A=2,\ B=1$ となる．よって，

$$\mathcal{L}^{-1}\left[\frac{2}{s-3} + \frac{1}{s+1}\right] = 2e^{3t} + e^{-t}$$

(2) $\dfrac{5s^2-s+2}{(s-1)(s^2+1)} = \dfrac{A}{s-1} + \dfrac{Bs+C}{s^2+1}$ とおくと，

$$\frac{5s^2-s+2}{(s-1)(s^2+1)} = \frac{As^2+A+Bs^2+Cs-Bs-C}{(s-1)(s^2+1)}$$

だから，両辺を比較して $\begin{cases} A+B=5 \\ C-B=-1 \\ A-C=2 \end{cases}$ より，$A=3,\ B=2,\ C=1$ となる．

よって，$\mathcal{L}^{-1}\left[\dfrac{3}{s-1} + \dfrac{2s}{s^2+1} + \dfrac{1}{s^2+1}\right] = 3e^t + 2\cos t + \sin t$

【問題 3.28】　次の関数の逆ラプラス変換を求めよ．

(1) $\dfrac{1}{(s+3)(s-1)}$　(2) $\dfrac{3s+16}{s^2-s-6}$　(3) $\dfrac{1}{(s+1)(s^2+1)}$

(4) $\dfrac{1}{s^3+s^2}$　(5) $\dfrac{2s-1}{s^3-s}$　(6) $\dfrac{1}{(s+2)^2(s-2)}$

(7) $\dfrac{27-12s}{(s+4)(s^2+9)}$　(8) $\dfrac{s^3+16s-24}{s^4+20s^2+64}$　(9) $\dfrac{2(s^3+2s+1)}{(s-1)(s^2+1)^2}$

【定理 3.23】 ［ヘビサイド（**Heaviside**）の展開公式］

$P(s)$, $Q(s)$ は多項式で，$\big(P(s)$ の次数$\big) < \big(Q(s)$ の次数$\big)$ とする．

$Q(s) = (s-a_1)(s-a_2)\cdots(s-a_n)$ であり，a_1，$\cdots$，a_n はすべて異なるとすると，

$$\mathcal{L}^{-1}\left[\frac{P(s)}{Q(s)}\right] = \frac{P(a_1)}{Q'(a_1)}e^{a_1 t} + \frac{P(a_2)}{Q'(a_2)}e^{a_2 t} + \cdots + \frac{P(a_n)}{Q'(a_n)}e^{a_n t}$$

例題 3.27　ヘビサイドの展開公式を利用して，次の関数の逆ラプラス変換を求めよ．

$$(1)\ \frac{2s^2-4}{(s+1)(s-2)(s-3)} \qquad (2)\ \frac{3s+1}{(s-1)(s^2+1)}$$

「解」 (1) $P(s) = 2s^2-4$, $Q(s) = (s+1)(s-2)(s-3) = s^3-4s^2+s+6$ より $Q'(s) = 3s^2-8s+1$ だから

$$\begin{aligned}\mathcal{L}^{-1}\left[\frac{2s^2-4}{(s+1)(s-2)(s-3)}\right] &= \frac{P(-1)}{Q'(-1)}e^{-t} + \frac{P(2)}{Q'(2)}e^{2t} + \frac{P(3)}{Q'(3)}e^{3t} \\ &= -\frac{1}{6}e^{-t} - \frac{4}{3}e^{2t} + \frac{7}{2}e^{3t}\end{aligned}$$

(2) $P(s) = 3s+1$, $Q(s) = (s-1)(s^2+1) = s^3-s^2+s-1$ より $Q'(s) = 3s^2-2s+1$ だから

$$\begin{aligned}\mathcal{L}^{-1}\left[\frac{3s+1}{(s-1)(s^2+1)}\right] &= \frac{P(1)}{Q'(1)}e^{t} + \frac{P(i)}{Q'(i)}e^{it} + \frac{P(-i)}{Q'(-i)}e^{-it} \\ &= \frac{4}{2}e^{t} + \frac{1+3i}{-2-2i}e^{it} + \frac{1-3i}{-2+2i}e^{-it} \\ &= 2e^t - \frac{2+i}{2}\big(\cos t + i\sin t\big) - \frac{2-i}{2}\big(\cos t - i\sin t\big) \\ &= 2e^t - 2\cos t + \sin t\end{aligned}$$

【問題 3.29】　ヘビサイドの展開公式を利用して，次の関数の逆ラプラス変換を求めよ．

$$(1)\ \frac{2s-11}{(s+2)(s-3)} \qquad (2)\ \frac{19s+37}{(s-2)(s+1)(s+3)} \qquad (3)\ \frac{s+5}{(s+1)(s^2+1)}$$

3.6　微分方程式への応用

【定数係数線形微分方程式の初期値問題】

y を t の関数として，

$$\frac{d^n y}{dt^n}+a_1\frac{d^{n-1}y}{dt^{n-1}}+a_2\frac{d^{n-2}y}{dt^{n-2}}+\cdots+a_{n-1}\frac{dy}{dt}+a_n y=f(t)$$

を**定数係数線形微分方程式**という．ここで，a_1，a_2，$\cdots$，a_n は定数，$f(t)$ は t の関数である．この方程式の一般解は n 個の定数を含むが，解のうちで t の特定の値 t_0 に対して，

$$y(t_0)=C_1,\ \ y'(t_0)=C_2,\ \ \cdots,\ \ y^{(n-1)}(t_0)=C_n$$

であるような特殊解を求めることを**初期値問題**という．この条件を**初期条件**という．

・ラプラス変換を考えるときは，対応する大文字で表すことにする．例えば，

$$\mathcal{L}[y(t)]=Y(s),\ \ \mathcal{L}[f(t)]=F(s)$$

【微分方程式を解く手順】

微分方程式を初期条件を含めてラプラス変換

⇓

式の計算や部分分数分解などの代数的な計算

⇓

逆ラプラス変換で特殊解を求める

例題 3.28　次の初期値問題を解け．

(1) $y'-2y=-3e^{-t},\ y(0)=4$

(2) $y'-ay=f(t),\ y(0)=C$

(3) $y''-6y'+10y=5e^t,\ y(0)=3,\ y'(0)=0$

………………………………………………………………

「解」 (1)　$\mathcal{L}[y']=s\mathcal{L}[y]-y(0)=sY-4$ より微分方程式の両辺をラプラス変換すると，

$$\mathcal{L}[y'-2y]=\mathcal{L}[y']-2\mathcal{L}[y]=sY-4-2Y=-\frac{3}{s+1}=-3\mathcal{L}[e^{-t}]$$

となる．これを，Y について解けば，部分分数分解により

$$Y = \frac{1}{s-2}\left(4 - \frac{3}{s+1}\right) = \frac{4s+1}{(s+1)(s-2)} = \frac{3}{s-2} + \frac{1}{s+1}$$

となるから，逆ラプラス変換をして，$y = 3e^{2t} + e^{-t}$ となる．

(2)　(1) と同様にラプラス変換すると $sY - C - aY = F$ なので

$$Y = \frac{C}{s-a} + F\frac{1}{s-a}$$

となる．よって，逆ラプラス変換をすると，たたみこみにより

$$y = Ce^{at} + f(t) * e^{at} = Ce^{at} + \int_0^t e^{a(t-u)} f(u)\, du$$

(3)　$(s^2Y - sy(0) - y'(0)) - 6(sY - y(0)) + 10Y = \dfrac{5}{s-1}$ より

$$(s^2 - 6s + 10)Y = 3s - 18 + \frac{5}{s-1}$$

だから

$$Y = \frac{3s^2 - 21s + 23}{(s-1)(s^2 - 6s + 10)}$$

となるが，部分分数分解すると

$$Y = \frac{1}{s-1} + \frac{2s-13}{s^2 - 6s + 10} = \frac{1}{s-1} + \frac{2(s-3)}{(s-3)^2 + 1} - \frac{7}{(s-3)^2 + 1}$$

より，逆ラプラス変換して $y = e^t + 2e^{3t}\cos t - 7e^{3t}\sin t$

【問題 3.30】　次の初期値問題を解け．

(1) $y' + y = 2e^{-t},$　　$y(0) = 1$
(2) $y' - 2y = 5\cos t,$　　$y(0) = C$
(3) $y'' - y' - 6y = 0,$　　$y(0) = 1,\ y'(0) = -2$
(4) $y'' + 6y' + 10y = 0,$　　$y(0) = 2,\ y'(0) = 2$
(5) $y'' - 5y' + 6y = e^t,$　　$y(0) = 0,\ y'(0) = 0$
(6) $y'' + y' - 2y = 60\cos 2t,$　　$y(0) = 0,\ y'(0) = 0$
(7) $y'' - 2y' + y = 2te^t,$　　$y(0) = 1,\ y'(0) = 0$

例題 3.29　初期条件 $y(0) = y'(0) = 0$ の下で，次の微分方程式を解け．

(1) $y'' + 9y = \mathrm{U}(t-\pi)$　(2) $y'' + 9y = \delta(t)$

「解」(1)　$s^2Y + 9Y = \dfrac{e^{-\pi s}}{s}$ だから $Y = \dfrac{e^{-\pi s}}{s(s^2+9)}$ となる．ここで，

$$\frac{1}{s(s^2+9)} = \frac{1}{9}\left(\frac{1}{s} - \frac{s}{s^2+9}\right)$$

なので，

$$\mathcal{L}^{-1}\left[\frac{1}{s(s^2+9)}\right]=\frac{1}{9}\big(1-\cos 3t\big)$$

より，像の移動法則より

$$\begin{aligned} y &= \mathcal{L}^{-1}\left[\frac{e^{-\pi s}}{s(s^2+9)}\right]=\frac{1}{9}\big(1-\cos 3(t-\pi)\big)\cdot \mathrm{U}(t-\pi) \\ &= \begin{cases} 0 & (0\leqq t<\pi) \\ \dfrac{1}{9}\big(1-\cos 3(t-\pi)\big) & (t\geqq \pi) \end{cases} \end{aligned}$$

(2)　$s^2Y+9Y=1$ より $Y=\dfrac{1}{s^2+9}$ となるから，

$$y=\mathcal{L}^{-1}\left[\frac{1}{s^2+9}\right]=\frac{1}{3}\sin 3t$$

となる．なお，この解は $y'(0)=1$ となり，初期条件 $y'(0)=0$ を満たしてはいないが，次のように考えればよい．

実際，3.2.11 の $f_w(t)$ について，$y''+9y=f_w(t)$ を解くと，その解

$$y_w(t)=\begin{cases} \dfrac{1}{9w}\Big(1-\cos 3t\Big) & (0\leqq t<w) \\ \dfrac{2}{9w}\sin 3\Big(t-\dfrac{w}{2}\Big)\sin\dfrac{3w}{2} & (t\geqq w) \end{cases}$$

は連続で $y=\lim\limits_{w\to 0}y_w(t)=\dfrac{1}{3}\sin 3t$ も連続である．さらに微分すると

$$y'_w(t)=\begin{cases} \dfrac{1}{3w}\sin 3t & (0\leqq t<w) \\ \dfrac{2}{3w}\cos 3\Big(t-\dfrac{w}{2}\Big)\sin\dfrac{3w}{2} & (t\geqq w) \end{cases}$$

も連続になるが，極限 $w\to 0$ をとると不連続で

$$y'(t)=\lim_{w\to 0}y'_w(t)=\begin{cases} 0 & (t=0) \\ \cos 3t & (t>0) \end{cases}$$

なので，$y'(0)=0$，$y'(+0)=1$ として成立している．

【問題 3.31】　次の初期値問題を解け．

(1)　$y''+4y=\mathrm{U}(t-\pi)$,　　$y(0)=0,\ y'(0)=0$
(2)　$y''+3y'+2y=\mathrm{U}(t-2)$,　　$y(0)=0,\ y'(0)=1$
(3)　$y''+2y'+4y=\delta(t)$,　　$y(0)=0,\ y'(0)=0$
(4)　$y''+2y'+2y=\delta(t-\pi)$,　　$y(0)=0,\ y'(0)=0$

例題 3.30　連立微分方程式 $\begin{cases} x' + y = t, & x(0) = 0 \\ 4x + y' = e^t, & y(0) = 0 \end{cases}$ を解け．

「解」 ラプラス変換をすると $\begin{cases} sX + Y = \dfrac{1}{s^2} \\ 4X + sY = \dfrac{1}{s-1} \end{cases}$ より

$$\begin{cases} X &= -\dfrac{1}{s(s-1)(s^2-4)} \\ &= -\dfrac{1}{4}\Big(\dfrac{1}{s}\Big) + \dfrac{1}{3}\Big(\dfrac{1}{s-1}\Big) - \dfrac{1}{8}\Big(\dfrac{1}{s-2}\Big) + \dfrac{1}{24}\Big(\dfrac{1}{s+2}\Big) \\ Y &= \dfrac{1}{s^2} + \dfrac{1}{(s-1)(s^2-4)} \\ &= \dfrac{1}{s^2} - \dfrac{1}{3}\Big(\dfrac{1}{s-1}\Big) + \dfrac{1}{4}\Big(\dfrac{1}{s-2}\Big) + \dfrac{1}{12}\Big(\dfrac{1}{s+2}\Big) \end{cases}$$

となるから，逆ラプラス変換して，

$$\begin{cases} x &= -\dfrac{1}{4} + \dfrac{1}{3}e^t - \dfrac{1}{8}e^{2t} + \dfrac{1}{24}e^{-2t} \\ y &= t - \dfrac{1}{3}e^t + \dfrac{1}{4}e^{2t} + \dfrac{1}{12}e^{-2t} \end{cases}$$

【問題 3.32】　次の連立微分方程式を解け．

(1) $\begin{cases} x' - 2x - 3y = 0, & x(0) = 1 \\ x + y' + 2y = 0, & y(0) = 1 \end{cases}$

(2) $\begin{cases} x' + y' + x = -e^{-t}, & x(0) = -1 \\ x' + 2x + 2y' + 2y = 0, & y(0) = 1 \end{cases}$

(3) $\begin{cases} x' + y' - 4y = 1, & x(0) = 0 \\ x + y' - 3y = t^2, & y(0) = 0 \end{cases}$

(4) $\begin{cases} x' + 2x + 2y = \sin t, & x(0) = 0 \\ y' - 2x - 2y = \cos t, & y(0) = 0 \end{cases}$

【境界値問題】

変数 t が区間 $a \leqq t \leqq b$ で定義された2階の線形微分方程式に対して

$$y(a) = A,\ \ y(b) = B$$

である解を求める問題を**境界値問題**という．この条件を**境界条件**という．

例題 3.31　境界条件 $y(0)=0,\ y(1)=1$ の下で，
微分方程式 $y''-3y'+2y=0$ を解け．

「解」 $y'(0)=C$ とおくと $s^2Y-C-3sY+2Y=0$ より

$$Y=\frac{C}{s^2-3s+2}=C\left(\frac{1}{s-2}-\frac{1}{s-1}\right)$$

となる．よって，$y=C(e^{2t}-e^t)$ となるが，$y(1)=1$ より $C(e^2-e)=1$ だから
$C=\dfrac{1}{e^2-e}$ となる．よって，$y=\dfrac{e^{2t}-e^t}{e^2-e}$

【問題 3.33】　次の境界値問題を解け．

(1) $y''-y'-2y=6,\quad y(0)=0,\ y(\log 2)=0$

(2) $y''-4y'+5y=\cos t,\quad y(0)=0,\ y(\frac{\pi}{2})=-1$

(3) $y''+2y'+2y=0,\quad y(0)=1,\ y(\frac{\pi}{2})=1$

例題 3.32　境界値問題 $y''+ky=0,\ \ y(0)=y(l)=0,\ l>0$ が $y=0$ 以外の解をもつための条件は $\sqrt{k}=\dfrac{n\pi}{l}$ であることを示せ．ここで n は自然数である．このときの解を求めよ．

「解」 $y'(0)=C$ とおくと $s^2Y-C+kY=0$ より $Y=\dfrac{C}{s^2+k}$ となる．よって

$k>0$ のとき $k=\lambda^2$ とおくと　$y=\dfrac{C\sin\lambda t}{\lambda}$

$k<0$ のとき $k=-\lambda^2$ とおくと　$y=\dfrac{C\sinh\lambda t}{\lambda}=\dfrac{C(e^t-e^{-t})}{2\lambda}$

$k=0$ のとき　$y=Ct$

となる．$y(l)=0$ より $k\leqq 0$ なら $C=0$ となり不適．$k>0$ のとき，$\sin\lambda l=0$ より $\lambda l=n\pi$ となる． よって，$\sqrt{k}=\dfrac{n\pi}{l}$ であり，$A=\dfrac{C}{\lambda}$ とおくと $y=A\sin\dfrac{n\pi t}{l}$ となる．

【問題 3.34】　次の境界値問題を解け．

(1) $y''+4y=0,\ y(0)=0,\ y(\frac{\pi}{4})=1$　(2) $y''+9y=0,\ y(0)=1,\ y(\frac{\pi}{4})=0$

3.7　積分方程式への応用

【たたみこみ型積分方程式】

未知の関数 $y(t)$ と既知の関数 $f(t)$ に対して，たたみこみ

$$f(t) * y(t) = \int_0^t f(t-u)\, y(u)\, du$$

の形の積分を含む方程式を**たたみこみ型積分方程式**という．ラプラス変換をすれば，FY となる．

例題 3.33　積分方程式 $y(t) = t^2 + \displaystyle\int_0^t y(u)\sin(t-u)\, du$ を解け．

「解」 $y = t^2 + y * \sin t$ よりラプラス変換をすると，$Y = \dfrac{2}{s^3} + \dfrac{Y}{s^2+1}$ である．

よって，$Y = \dfrac{2(s^2+1)}{s^5} = \dfrac{2}{s^3} + \dfrac{2}{s^5}$ だから $y = t^2 + \dfrac{1}{12}t^4$

【問題 3.35】　次の積分方程式を解け．

(1) $\displaystyle\int_0^t y(u)\cos(t-u)\, du = t^2 + 2$

(2) $\displaystyle\int_0^t y(u)\sin(t-u)\, du = t^2 + t$

(3) $y(t) + \displaystyle\int_0^t y(u)e^{t-u}\, du = \cos 2t$

(4) $y(t) = t + 2\displaystyle\int_0^t y(u)\cos(t-u)\, du$

(5) $y(t) - \displaystyle\int_0^t y(u)e^{t-u}\, du = 1$

(6) $y(t) - \displaystyle\int_0^t y(u)(t-u)\, du = 2(\cos t + \sin t)$

【微分積分方程式】　未知の関数 $y(t)$ の導関数を含む積分方程式のことである．

例題 3.34　微分積分方程式

$$y'(t) + 5\int_0^t y(u)\cos 2(t-u)\, du = 10,\ y(0) = 2$$

を解け．

「解」 $y' + 5y * \cos 2t = 10$ よりラプラス変換をすると，

$$sY - 2 + \frac{5sY}{s^2+4} = \frac{10}{s}$$

だから

$$Y = \frac{2s^3 + 10s^2 + 8s + 40}{s^2(s^2+9)} = \frac{1}{9}\left(\frac{8}{s} + \frac{40}{s^2} + \frac{10s}{s^2+9} + \frac{50}{s^2+9}\right)$$

よって　$y = \dfrac{1}{27}\left(24 + 120t + 30\cos 3t + 50\sin 3t\right)$

【問題 3.36】 次の微分積分方程式を解け．

(1) $y'(t) = \displaystyle\int_0^t y(u)\cos(t-u)\,du,\ y(0) = 1$

(2) $y'(t) = 1 + \displaystyle\int_0^t y(u)\,du,\ y(0) = 0$

(3) $y'(t) + y(t) + \displaystyle\int_0^t y(u)e^{t-u}\,du = 1,\ y(0) = 0$

3.8　差分方程式への応用

【差分方程式】

未知の関数 $y(t)$ といくつかの $y(t-a)$ の関係式を**差分方程式**という．

例題 3.35 $t < 0$ で $y(t) = 0$ のとき，差分方程式

$$3y(t) - 4y(t-1) + y(t-2) = t$$

を解け．

…………………………………………………………………

「解」 $y(t) = 0\ (t < 0)$ は p.56 の移動法則の条件である．ラプラス変換をすると

$$3Y - 4Ye^{-s} + Ye^{-2s} = \frac{1}{s^2}$$

なので，

$$\begin{aligned}
Y &= \frac{1}{s^2(3 - 4e^{-s} + e^{-2s})} = \frac{1}{2s^2}\left(\frac{1}{1-e^{-s}} - \frac{1}{3-e^{-s}}\right) \\
&= \frac{1}{2s^2}\left\{\frac{1}{1-e^{-s}} - \frac{1}{3(1-e^{-s}/3)}\right\} \\
&= \frac{1}{2s^2}\left\{\left(1 + e^{-s} + e^{-2s} + \cdots\right) - \frac{1}{3}\left(1 + \frac{e^{-s}}{3} + \frac{e^{-2s}}{3^2} + \cdots\right)\right\} \\
&= \frac{1}{2}\sum_{n=0}^{\infty}\left(1 - \frac{1}{3^{n+1}}\right)\frac{e^{-ns}}{s^2}
\end{aligned}$$

となるので，像の移動法則で逆ラプラス変換して

$$y = \frac{1}{2}\sum_{n=0}^{\infty}\left(1 - \frac{1}{3^{n+1}}\right)(t-n)\cdot \mathrm{U}(t-n) = \frac{1}{2}\sum_{n=0}^{[t]}\left(1 - \frac{1}{3^{n+1}}\right)(t-n)$$

ただし，$[t]$ は t を超えない最大の整数である．

【問題 3.37】 $t < 0$ で $y(t) = 0$ のとき，次の差分方程式を解け．

(1) $y(t) - y(t-1) = 1$

(2) $y(t) - 2y(t-1) = t$

(3) $y(t) - 3y(t-1) + 2y(t-2) = 1$

【定理 3.24】 数列 a_n に対して，関数 $f(t)$ を

$$f(t) = a_n,\ \ n \leqq t < n+1,\ \ n = 0,\ 1,\ 2,\ \cdots$$

とおくと，次が成り立つ．

(1) $\mathcal{L}[f(t+1)] = e^s\mathcal{L}[f(t)] - \dfrac{e^s(1-e^{-s})a_0}{s}$

(2) $\mathcal{L}[f(t+2)] = e^{2s}\mathcal{L}[f(t)] - \dfrac{e^s(1-e^{-s})(a_0e^s + a_1)}{s}$

(3) $a_n = r^n$ のとき $\mathcal{L}[f(t)] = \dfrac{1-e^{-s}}{s(1-re^{-s})}$

(4) $a_n = \dfrac{r(r^n-1)}{r-1}$ のとき $\mathcal{L}[f(t)] = \dfrac{e^{-s}}{s(1-re^{-s})}$

(5) $a_n = n$ のとき $\mathcal{L}[f(t)] = \dfrac{e^{-s}}{s(1-e^{-s})}$

(6) $a_n = nr^n$ のとき $\mathcal{L}[f(t)] = \dfrac{re^{-s}(1-e^{-s})}{s(1-re^{-s})^2}$

例題 3.36 $a_{n+2} - 5a_{n+1} + 6a_n = 4^n$, $a_0 = 0$, $a_1 = 1$ を満たす数列 a_n の一般項を求めよ．

「解」 $y(t) = a_n$, $n \leqq t < n+1$ とおくと，差分方程式

$$y(t+2) - 5y(t+1) + 6y(t) = f(t)$$

となる．ここで，$f(t) = 4^n$, $n \leqq t < n+1$ とする．ラプラス変換すると

$$e^{2s}Y - \frac{e^s(1-e^{-s})}{s} - 5e^sY + 6Y = \frac{1-e^{-s}}{s(1-4e^{-s})}$$

となるので

$$
\begin{aligned}
Y &= \frac{1}{e^{2s}-5e^s+6}\left\{\frac{e^s(1-e^{-s})}{s}+\frac{1-e^{-s}}{s(1-4e^{-s})}\right\} \\
&= \frac{1-e^{-s}}{s}\cdot\frac{e^s-3}{(e^{2s}-5e^s+6)(1-4e^{-s})} \\
&= \frac{1-e^{-s}}{s}\cdot\frac{1}{(e^s-2)(1-4e^{-s})} = \frac{1-e^{-s}}{s}\cdot\frac{e^{-s}}{(1-2e^{-s})(1-4e^{-s})} \\
&= \frac{1-e^{-s}}{2s}\left\{\frac{1}{1-4e^{-s}}-\frac{1}{1-2e^{-s}}\right\} = \frac{1}{2}\frac{1-e^{-s}}{s(1-4e^{-s})}-\frac{1}{2}\frac{1-e^{-s}}{s(1-2e^{-s})}
\end{aligned}
$$

となるから，　$y(t) = a_n = \dfrac{4^n-2^n}{2}$

【問題 3.38】　次の数列 a_n の一般項を求めよ．

(1) $a_{n+1}-2a_n=3^n,\ a_0=0$　(2) $a_{n+2}-5a_{n+1}+6a_n=0,\ a_0=0,\ a_1=1$

3.9　公式と法則のまとめ

ラプラス変換の公式

$f(t)=\mathcal{L}^{-1}[F]$	$\mathcal{L}[f]=F(s)$	$f(t)=\mathcal{L}^{-1}[F]$	$\mathcal{L}[f]=F(s)$
$1=\mathrm{U}(t)$	$\dfrac{1}{s}$	$\mathrm{U}(t-a)$	$\dfrac{e^{-as}}{s}$
$\delta(t)$	1	t	$\dfrac{1}{s^2}$
t^2	$\dfrac{2}{s^3}$	t^3	$\dfrac{6}{s^4}$
$\sqrt{t}$	$\dfrac{\sqrt{\pi}}{2s\sqrt{s}}$	$\dfrac{1}{\sqrt{t}}$	$\dfrac{\sqrt{\pi}}{\sqrt{s}}$
t^a	$\dfrac{\Gamma(a+1)}{s^{a+1}}$	e^{at}	$\dfrac{1}{s-a}$
$\cos at$	$\dfrac{s}{s^2+a^2}$	$\sin at$	$\dfrac{a}{s^2+a^2}$
$\cosh at$	$\dfrac{s}{s^2-a^2}$	$\sinh at$	$\dfrac{a}{s^2-a^2}$

ラプラス変換の法則

法則	$f(t) = \mathcal{L}^{-1}[F]$	$\mathcal{L}[f] = F(s)$
線形性	$k_1 f(t) + k_2 g(t)$	$k_1 F(s) + k_2 G(s)$
移動	$f(t-a) \cdot \mathrm{U}(t-a)$	$e^{-as} F(s)$
移動	$f(t+a)$	$e^{as} \left\{ F(s) - \int_0^a e^{-st} f(t)\ dt \right\}$
像の移動	$e^{at} f(t)$	$F(s-a)$
相似	$f(kt)$	$\frac{1}{k} F\left(\frac{s}{k}\right)$
微分	$f'(t)$	$sF(s) - f(0)$
微分	$f''(t)$	$s^2 F(s) - f(0)s - f'(0)$
像の微分	$-tf(t)$	$F'(s)$
像の微分	$t^2 f(t)$	$F''(s)$
積分	$\int_0^t f(x)\ dx$	$\frac{1}{s} F(s)$
像の積分	$\frac{f(t)}{t}$	$\int_s^\infty F(u)\ du$
たたみこみ	$f * g = \int_0^t f(t-u) g(u)\ du$	$F(s) \cdot G(s)$
周期関数	$f(t+nT) = \phi(t)$	$\frac{\mathcal{L}[\phi]}{1 - e^{-sT}}$
周期関数	$g(t+nT) = (-1)^n \phi(t)$	$\frac{\mathcal{L}[\phi]}{1 + e^{-sT}}$

第 4 章

ベクトル解析

主に 3 次元実ベクトルを扱い $(\mathrm{O}\,;\{\,\boldsymbol{i},\ \boldsymbol{j},\ \boldsymbol{k}\})$ を $\boldsymbol{R}^3$ の正の直交座標系とする．一般にはベクトルを $\boldsymbol{a} = a_1\,\boldsymbol{i} + a_2\,\boldsymbol{j} + a_3\,\boldsymbol{k}$ のように表すが，ここでは座標系を固定して $\boldsymbol{a} = (a_1\,,\,a_2\,,\,a_3)$ と表す．

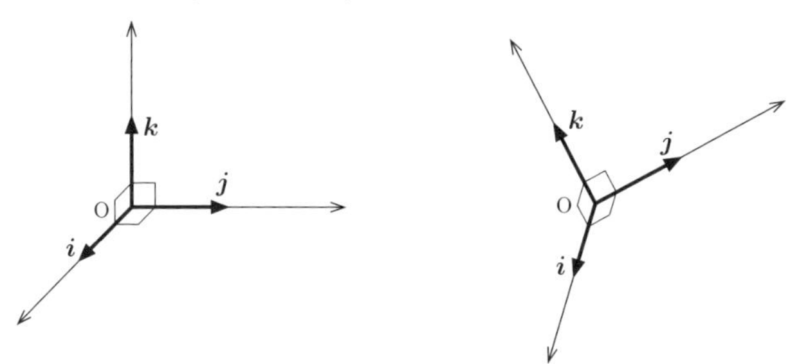

4.1　ベクトルの内積

$\boldsymbol{a} = (a_1\,,\,a_2\,,\,a_3)$， $\boldsymbol{b} = (b_1\,,\,b_2\,,\,b_3)$ に対し，$\boldsymbol{a}, \boldsymbol{b}$ の内積，$\boldsymbol{a}$ の長さを次式で定め，それぞれ $\boldsymbol{a}\cdot\boldsymbol{b}$, $|\,\boldsymbol{a}\,|$ と表す．

$$\boldsymbol{a}\cdot\boldsymbol{b} = a_1b_1 + a_2b_2 + a_3b_3 \qquad \cdots\ \boldsymbol{a},\ \boldsymbol{b}\ \text{の 内積（スカラー積）}$$

$$|\,\boldsymbol{a}\,| = \sqrt{\boldsymbol{a}\cdot\boldsymbol{a}} = \sqrt{a_1^2 + a_2^2 + a_3^2} \qquad \cdots\ \boldsymbol{a}\ \text{の長さ（大きさ，ノルム）}$$

「幾何的定義」

・　$\boldsymbol{a}, \boldsymbol{b}$ のなす角を θ $(0 \leqq \theta \leqq \pi)$ とするとき，　$\boldsymbol{a}\cdot\boldsymbol{b} = |\,\boldsymbol{a}\,|\,|\,\boldsymbol{b}\,|\cos\theta$

・　内積の他の記号　$(\boldsymbol{a},\boldsymbol{b})$, $<\boldsymbol{a},\boldsymbol{b}>$　,　ノルムの他の記号　$||\boldsymbol{a}||$

【定理 4.1】 [内積の基本性質]

(1)　$\boldsymbol{a}\cdot\boldsymbol{a} \geqq 0$,　　「 $\boldsymbol{a}\cdot\boldsymbol{a}=0 \iff \boldsymbol{a}=\boldsymbol{o}$ 」

(2)　$(k\boldsymbol{a})\cdot\boldsymbol{b}=\boldsymbol{a}\cdot(k\boldsymbol{b})=k(\boldsymbol{a}\cdot\boldsymbol{b})$　（k は実数）

(3)　$\boldsymbol{a}\cdot\boldsymbol{b}=\boldsymbol{b}\cdot\boldsymbol{a}$

(4)　$(\boldsymbol{a}\pm\boldsymbol{b})\cdot\boldsymbol{c}=\boldsymbol{a}\cdot\boldsymbol{c}\pm\boldsymbol{b}\cdot\boldsymbol{c}$（複号同順）

例題 4.1　$\boldsymbol{a}\cdot\boldsymbol{b}$, $|\boldsymbol{a}|$, $|\boldsymbol{b}|$　を計算せよ：　$\boldsymbol{a}=(1,-4,1)$, $\boldsymbol{b}=(2,1,-1)$

「解」　$\boldsymbol{a}\cdot\boldsymbol{b}=2-4-1=-3$

$|\boldsymbol{a}|=\sqrt{1+16+1}=3\sqrt{2}$　, $|\boldsymbol{b}|=\sqrt{4+1+1}=\sqrt{6}$

【問題 4.1】　$\boldsymbol{a}\cdot\boldsymbol{b}$, $|\boldsymbol{a}|$, $|\boldsymbol{b}|$ を計算せよ．
(1) $\boldsymbol{a}=(1,\ 1,\ 1)$, $\boldsymbol{b}=(1,\ 2,\ 1)$　　(2) $\boldsymbol{a}=(4,-1,-1)$, $\boldsymbol{b}=(1,\ -1,\ -1)$

4.2　ベクトルの外積

$\boldsymbol{a}=(a_1,a_2,a_3)$, $\boldsymbol{b}=(b_1,b_2,b_3)\in\boldsymbol{R}^3$　に対し，$\boldsymbol{a}$, $\boldsymbol{b}$ の外積を次式で定め，$\boldsymbol{a}\times\boldsymbol{b}$ と表す．

$$\boldsymbol{a}\times\boldsymbol{b}=\left(\begin{vmatrix} a_2 & a_3 \\ b_2 & b_3 \end{vmatrix},\begin{vmatrix} a_3 & a_1 \\ b_3 & b_1 \end{vmatrix},\begin{vmatrix} a_1 & a_2 \\ b_1 & b_2 \end{vmatrix}\right)$$
$\cdots$ $\boldsymbol{a},\boldsymbol{b}$ の 外積（ベクトル積）

【外積の幾何的意味】

$\boldsymbol{a},\boldsymbol{b}\in\boldsymbol{R}^3$ （$\boldsymbol{a},\boldsymbol{b}\neq\boldsymbol{o}$, 平行でない）

$\boldsymbol{a},\boldsymbol{b}$ のなす角を θ（$0<\theta<\pi$）とする．

$\boldsymbol{a}\times\boldsymbol{b}$　について

長さ（大きさ）：$|\boldsymbol{a}\times\boldsymbol{b}|=|\boldsymbol{a}||\boldsymbol{b}|\sin\theta$

向き：$\boldsymbol{a}$ と $\boldsymbol{b}$ に直交し，
$\boldsymbol{a}$ から $\boldsymbol{b}$ に右手で回転させるとき
右ねじが進む向き

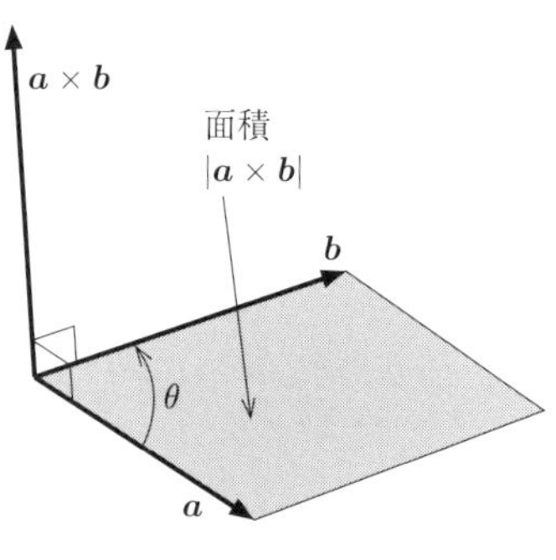

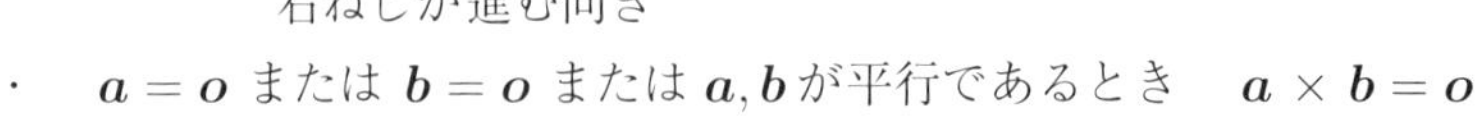

・　$\boldsymbol{a}=\boldsymbol{o}$ または $\boldsymbol{b}=\boldsymbol{o}$ または $\boldsymbol{a},\boldsymbol{b}$が平行であるとき　$\boldsymbol{a}\times\boldsymbol{b}=\boldsymbol{o}$

・　$\boldsymbol{i}\times\boldsymbol{j}=\boldsymbol{k}$, $\boldsymbol{j}\times\boldsymbol{k}=\boldsymbol{i}$, $\boldsymbol{k}\times\boldsymbol{i}=\boldsymbol{j}$　,　$\boldsymbol{i}\times\boldsymbol{i}=\boldsymbol{j}\times\boldsymbol{j}=\boldsymbol{k}\times\boldsymbol{k}=\boldsymbol{o}$

例題 4.2　$\boldsymbol{a} = (2,\,1,\,3)$，$\boldsymbol{b} = (-3,\,1,-4)$ のとき，$\boldsymbol{a}\times\boldsymbol{b}$ を計算せよ．

「解」　$\boldsymbol{a}\times\boldsymbol{b} = \left(\begin{vmatrix} 1 & 3 \\ 1 & -4 \end{vmatrix}, \begin{vmatrix} 3 & 2 \\ -4 & -3 \end{vmatrix}, \begin{vmatrix} 2 & 1 \\ -3 & 1 \end{vmatrix} \right) = (-7,-1,5)$

【問題 4.2】　$\boldsymbol{a}\times\boldsymbol{b}$　を計算せよ．

(1) $\boldsymbol{a} = (1,\,2,\,1), \boldsymbol{b} = (3,\,1,\,2)$　　(2) $\boldsymbol{a} = (3,\,0,\,-1), \boldsymbol{b} = (1,\,-1,\,5)$

(3) $\boldsymbol{a} = (-1,\,1,\,4), \boldsymbol{b} = (2,\,-5,\,1)$　　(4) $\boldsymbol{a} = (6,\,2,\,1), \boldsymbol{b} = (1,\,4,\,2)$

(5) $\boldsymbol{a} = (2,\,-1,\,1), \boldsymbol{b} = (5,\,0,\,-2)$　　(6) $\boldsymbol{a} = (3,\,1,\,-2), \boldsymbol{b} = (-2,\,2,\,1)$

【定理 4.2】 [外積の性質]

(1)　$(\boldsymbol{a}\times\boldsymbol{b})\cdot\boldsymbol{a} = 0, \quad (\boldsymbol{a}\times\boldsymbol{b})\cdot\boldsymbol{b} = 0$

(2)　$|\boldsymbol{a}\times\boldsymbol{b}|$ は $\boldsymbol{a},\boldsymbol{b}$ で作られる平行四辺形の面積に等しい．

(3)　$\boldsymbol{a}\times\boldsymbol{b} = -\boldsymbol{b}\times\boldsymbol{a}$　，　$\boldsymbol{a}\times\boldsymbol{a} = \boldsymbol{o}$

(4)　$(\boldsymbol{a}+\boldsymbol{b})\times\boldsymbol{c} = \boldsymbol{a}\times\boldsymbol{c}+\boldsymbol{b}\times\boldsymbol{c}$　，　$\boldsymbol{c}\times(\boldsymbol{a}+\boldsymbol{b}) = \boldsymbol{c}\times\boldsymbol{a}+\boldsymbol{c}\times\boldsymbol{b}$

(5)　$(k\boldsymbol{a})\times\boldsymbol{b} = \boldsymbol{a}\times(k\boldsymbol{b}) = k(\boldsymbol{a}\times\boldsymbol{b})$　（k は実数）

(6)　$\boldsymbol{a},\boldsymbol{b}\neq\boldsymbol{o}$ のとき，　$\boldsymbol{a}\times\boldsymbol{b} = \boldsymbol{o} \iff \boldsymbol{a}$ と $\boldsymbol{b}$ は平行

例題 4.3　例題 4.2 の $\boldsymbol{a},\boldsymbol{b}$ で作られる平行四辺形の面積を求めよ．

「解」　$\boldsymbol{a}\times\boldsymbol{b} = (-7,-1,5)$ より，面積は　$|\boldsymbol{a}\times\boldsymbol{b}| = \sqrt{49+1+25} = 5\sqrt{3}$

【問題 4.3】　$\boldsymbol{a} = (2,-1,\,1), \boldsymbol{b} = (1,\,0,\,2)$ に直交する単位ベクトルを求めよ．

【問題 4.4】　3 点 $(2,-1,\,3), (3,\,1,\,4), (1,-1,\,0)$ を頂点とする三角形の面積を求めよ．

【問題 4.5】　$(\boldsymbol{a}+\boldsymbol{b})\times(\boldsymbol{a}-\boldsymbol{b})$ を展開して簡単にせよ．

【スカラー三重積，ベクトル三重積】

$\boldsymbol{a}\cdot(\boldsymbol{b}\times\boldsymbol{c})$　を $\boldsymbol{a},\boldsymbol{b},\boldsymbol{c}$ のスカラー三重積といい，

$\boldsymbol{a}\times(\boldsymbol{b}\times\boldsymbol{c})$　を $\boldsymbol{a},\boldsymbol{b},\boldsymbol{c}$ のベクトル三重積という．

【定理 4.3】 [三重積の性質]

(1)　$\boldsymbol{a}\cdot(\boldsymbol{b}\times\boldsymbol{c}) = \det\begin{bmatrix}\boldsymbol{a}\\ \boldsymbol{b}\\ \boldsymbol{c}\end{bmatrix}$

(2)　$\boldsymbol{a}\cdot(\boldsymbol{b}\times\boldsymbol{c}) = \boldsymbol{b}\cdot(\boldsymbol{c}\times\boldsymbol{a}) = \boldsymbol{c}\cdot(\boldsymbol{a}\times\boldsymbol{b})$

(3)　$\boldsymbol{a}, \boldsymbol{b}, \boldsymbol{c}$ を3辺とする平行六面体の体積 $= |\boldsymbol{a}\cdot(\boldsymbol{b}\times\boldsymbol{c})|$

(4)　$\boldsymbol{a}\times(\boldsymbol{b}\times\boldsymbol{c}) = (\boldsymbol{a}\cdot\boldsymbol{c})\,\boldsymbol{b} - (\boldsymbol{a}\cdot\boldsymbol{b})\,\boldsymbol{c}$,　$(\boldsymbol{a}\times\boldsymbol{b})\times\boldsymbol{c} = (\boldsymbol{a}\cdot\boldsymbol{c})\,\boldsymbol{b} - (\boldsymbol{b}\cdot\boldsymbol{c})\,\boldsymbol{a}$

*　外積は順序と括弧に注意．交換法則，結合法則は成り立たない．

【問題 4.6】　$\boldsymbol{a} = (1, 0, -2), \boldsymbol{b} = (-2, 1, 3), \boldsymbol{c} = (1, -1, 2)$ のとき，次の計算をせよ．

(1) $\boldsymbol{a}\times\boldsymbol{b}$　(2) $\boldsymbol{b}\times\boldsymbol{a}$　(3) $\boldsymbol{a}\cdot(\boldsymbol{b}\times\boldsymbol{c})$　(4) $\boldsymbol{a}\times(\boldsymbol{b}\times\boldsymbol{c})$　(5) $(\boldsymbol{a}\times\boldsymbol{b})\times\boldsymbol{c}$

【問題 4.7】　$\boldsymbol{a}\times(\boldsymbol{b}\times\boldsymbol{c}) + \boldsymbol{b}\times(\boldsymbol{c}\times\boldsymbol{a}) + \boldsymbol{c}\times(\boldsymbol{a}\times\boldsymbol{b}) = \boldsymbol{o}$　を示せ．

4.3　ベクトル関数

$\boxed{\boldsymbol{F}(t) = (f_1(t), f_2(t), f_3(t)) \quad (t \in I)}$ を1変数 **ベクトル関数** という．

（$f_1(t), f_2(t), f_3(t)$ は1変数関数，I は定義域）

・　通常の1変数関数，多変数関数は **スカラー関数** という．

・　$\dfrac{d\boldsymbol{F}}{dt}(a) = \boldsymbol{F}'(a) = (f_1'(a), f_2'(a), f_3'(a))$ $\cdots$ $\boldsymbol{F}$ の $t = a$ での微分係数

・　$\dfrac{d\boldsymbol{F}}{dt} = \boldsymbol{F}'(t) = (f_1'(t), f_2'(t), f_3'(t))$　$\cdots$　$\boldsymbol{F}$ の 導関数

・　高次導関数も同様．

【定理 4.4】　$\boldsymbol{F}, \boldsymbol{G}$ はベクトル関数，$f = f(t)$ はスカラー関数とする．

(1) $(\boldsymbol{F} + \boldsymbol{G})' = \boldsymbol{F}' + \boldsymbol{G}'$　　(2) $(f\boldsymbol{F})' = f'\boldsymbol{F} + f\boldsymbol{F}'$

(3) $(\boldsymbol{F}\cdot\boldsymbol{G})' = \boldsymbol{F}'\cdot\boldsymbol{G} + \boldsymbol{F}\cdot\boldsymbol{G}'$　　(4) $(\boldsymbol{F}\times\boldsymbol{G})' = \boldsymbol{F}'\times\boldsymbol{G} + \boldsymbol{F}\times\boldsymbol{G}'$

【問題 4.8】　(1) $\dfrac{d}{dt}\left(\boldsymbol{F}\times\dfrac{d\boldsymbol{F}}{dt}\right) = \boldsymbol{F}\times\dfrac{d^2\boldsymbol{F}}{dt^2}$　を示せ．

(2) $|\boldsymbol{F}(t)|$ が一定のとき「$\boldsymbol{F}'(t) = \boldsymbol{o}$ または $\boldsymbol{F}(t) \perp \boldsymbol{F}'(t)$」　を示せ．

【点運動の速度ベクトル，加速度ベクトル】

動点 $\mathrm{P}(x, y, z)$ ，$\boldsymbol{r}(t)=\overrightarrow{\mathrm{OP}}=(x(t), y(t), z(t))$ に対し，速度ベクトル，加速度ベクトルを次式で定め，それぞれ $\boldsymbol{v}, \boldsymbol{a}$ と表す．

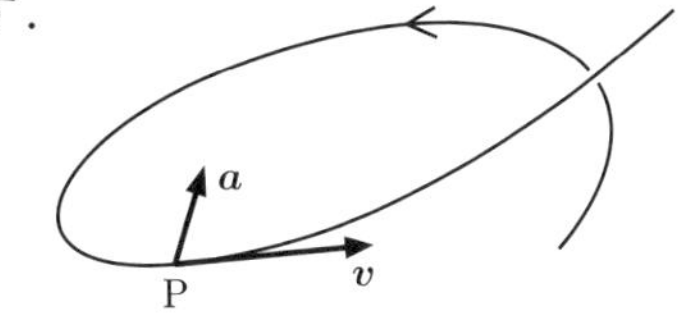

$$\boldsymbol{v}=\frac{d\boldsymbol{r}}{dt} \quad \text{速度ベクトル}$$

$$\boldsymbol{a}=\frac{d^2\boldsymbol{r}}{dt^2}=\frac{d\boldsymbol{v}}{dt} \quad \text{加速度ベクトル}$$

例題 4.4　$\boldsymbol{F}(t)=(t^3,\ e^{2t},\ -1)$ のとき，$\boldsymbol{F}'(t)$ ，$\boldsymbol{F}''(t)$ を求めよ．

「解」　$\boldsymbol{F}'(t)=(3t^2,\ 2e^{2t},\ 0)$ ，$\boldsymbol{F}''(t)=(6t,\ 4e^{2t},\ 0)$

【問題 4.9】　次のベクトル関数 $\boldsymbol{F}(t)$ について，$\boldsymbol{F}'(t)$ ，$\boldsymbol{F}''(t)$ を求めよ．

(1) $\boldsymbol{F}(t)=(t,\ t^2,\ t^3)$　　(2) $\boldsymbol{F}(t)=(\cos 2t,\ \sin 2t,\ t^2)$

(3) $\boldsymbol{F}(t)=(t,\ e^t-e^{-t},\ e^t+e^{-t})$　　(4) $\boldsymbol{F}(t)=(2t+1, \sqrt{t^2+1}, e^{-t})$

【問題 4.10】　$\boldsymbol{r}(t)=(R\cos\omega t,\ R\sin\omega t,\ 0)$　($\omega,\ R$ は正定数) のとき，速度ベクトル，加速度ベクトルを求めよ．(等速円運動)

【点運動の角速度ベクトル】

点運動 $\boldsymbol{r}=\boldsymbol{r}(t)$ について，$\boldsymbol{r}(t)$ と $\boldsymbol{r}(t+\Delta t)$ のなす角を $\Delta\theta$ とする．次の大きさと方向をもつベクトルを角速度ベクトルといい，$\boldsymbol{\omega}$ と表す．

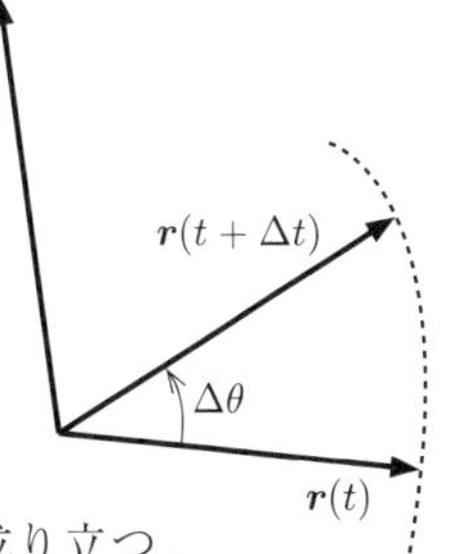

角速度ベクトル $\boldsymbol{\omega}$　大きさ：$\left|\lim_{\Delta t\to 0}\frac{\Delta\theta}{\Delta t}\right|$

向き：回転軸，右ねじが進む向き

問題 4.10 の等速円運動では　$\boldsymbol{\omega}=(0, 0, \omega)$ である．

一般に，円運動では $\boldsymbol{\omega}=\left(0, 0, \dfrac{d\theta}{dt}\right)$ で $\boxed{\boldsymbol{v}=\boldsymbol{\omega}\times\boldsymbol{r}}$ が成り立つ．

2変数ベクトル関数は　$\boldsymbol{F}(u,v)=(f_1(u,v),f_2(u,v),f_3(u,v))$　(D),
3変数ベクトル関数は $\boldsymbol{F}(x,y,z)=(f_1(x,y,z),f_2(x,y,z),f_3(x,y,z))$　(D)
と表す（D は定義域，領域）．偏導関数も同様に成分ごとに計算する．

例題 4.5　$\boldsymbol{F}(x,y,z)=(xy,\ yz,\ zx)$ について偏導関数 $\boldsymbol{F}_x,\boldsymbol{F}_y,\boldsymbol{F}_z$ を求めよ．

「解」　$\boldsymbol{F}_x=(y,\ 0,\ z)$ ，$\boldsymbol{F}_y=(x,\ z,\ 0)$ ，$\boldsymbol{F}_z=(0,\ y,\ x)$

【問題 4.11】　偏導関数 $\boldsymbol{F}_x,\boldsymbol{F}_y,\boldsymbol{F}_z$ を求めよ．
(1) $\boldsymbol{F}(x,y,z)=(x+y,\ y+z,\ z+x)$　　(2) $\boldsymbol{F}(x,y,z)=(y\cos x,\ y\sin x,\ z)$
(3) $\boldsymbol{F}(x,y,z)=(xy^2,\ x^2y\ln z,\ yz^{-1})$

＊　1変数ベクトル関数は曲線，2変数ベクトル関数は曲面，3変数ベクトル関数はベクトル場，3変数スカラー関数はスカラー場の表現として用いる（後述）．

4.4　スカラー場とベクトル場

スカラー場　$f(x,y,z)$

領域 D の各点に数（スカラー）が対応するとき，その対応をスカラー場といい，3変数関数で表す．　　ex.　温度，圧力，密度，電位など

ベクトル場　$\boldsymbol{F}(x,y,z)=(f_1(x,y,z),f_2(x,y,z),f_3(x,y,z))$

領域 D の各点に3次元ベクトルが対応するとき，その対応をベクトル場といい，3変数ベクトル関数で表す．　　ex.　電場，磁場，流体の速度など

回転的なベクトル場

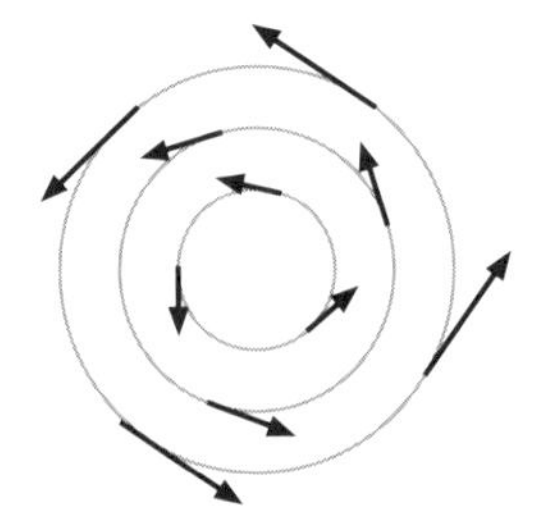

放射的なベクトル場

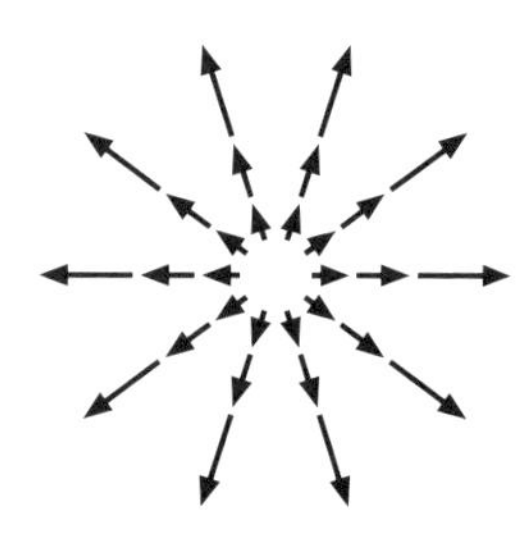

【等位面】　スカラー場 $f(x,y,z)$ に対し，曲面 $f(x,y,z)=C$（C は定数）を **等位面** という．2 次元の地図での等高線に相当し，スカラー場が温度／圧力／電位の場合はそれぞれ等温面／等圧面／等電位面という．

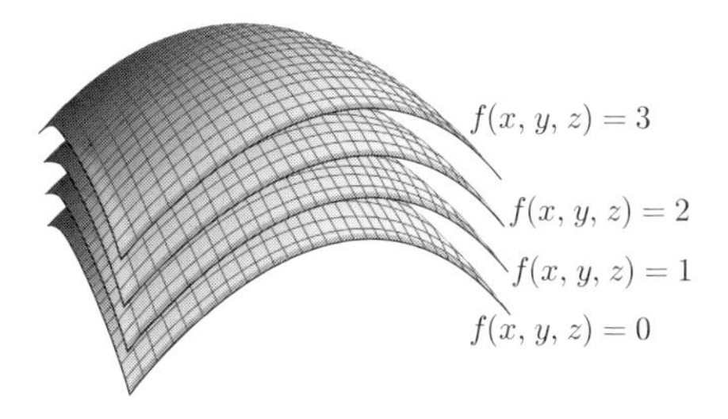

4.5　grad，方向微分

【スカラー場の勾配（gradient）】　スカラー場 $f(x,y,z)$ に対して，f の勾配を次式で定め，$\operatorname{grad} f$ または ∇f と表す．

$$\operatorname{grad} f = \nabla f = \left(\frac{\partial f}{\partial x}, \frac{\partial f}{\partial y}, \frac{\partial f}{\partial z}\right) \quad \cdots \quad f \text{ の勾配（gradient）}$$

・　$\nabla = \left(\dfrac{\partial}{\partial x}, \dfrac{\partial}{\partial y}, \dfrac{\partial}{\partial z}\right)$　（∇ は **ナブラ** と読む）

例題 4.6　$f(x,y,z)=x^2\sin y+e^{xyz}$ について $\operatorname{grad} f$ $(=\nabla f)$ を計算せよ．

「解」　$(\nabla f=)$ $\operatorname{grad} f=(2x\sin y+yze^{xyz},\ x^2\cos y+xze^{xyz},\ xye^{xyz})$

【問題 4.12】　次の $f(x,y,z)$ について $\operatorname{grad} f$ $(=\nabla f)$ を計算せよ．

(1) $f(x,y,z)=xy^2z^3$　　(2) $f(x,y,z)=\ln(x^2+y^2+z^2)$

(3) $f(x,y,z)=\dfrac{1}{x^2+y^2+z^2}$　　(4) $f(x,y,z)=\ln(x^2+2y^2)+z^2$

(5) $f(x,y,z)=x^2e^{yz}\cos y$　　(6) $f(x,y,z)=e^{x+y+z}\sin(2x+yz)$

(7) $f(x,y,z)=e^x(\sin y\cos z+\sin y\sin z+\cos y)$

【定理 4.5】　λ は定数，f, g はスカラー場，φ は1変数関数．

(1)　$\mathrm{grad}\,(f+g) = \mathrm{grad}\,f + \mathrm{grad}\,g$　　$\nabla(f+g) = \nabla f + \nabla g$

(2)　$\mathrm{grad}\,(\lambda f) = \lambda\ \mathrm{grad}\,f$　　$\nabla(\lambda f) = \lambda \nabla f$

(3)　$\mathrm{grad}\,(fg) = g\ \mathrm{grad}\,f + f\ \mathrm{grad}\,g$　　$\nabla(fg) = g\nabla f + f\nabla g$

(4)　$\mathrm{grad}\,(\varphi(f)) = \dfrac{d\varphi}{df}\ \mathrm{grad}\,f$　　$\nabla(\varphi(f)) = \dfrac{d\varphi}{df}\nabla f$

(5) 領域 D で　$\mathrm{grad}\,f = \boldsymbol{o}$　ならば　$f(x,y,z)$ は定スカラー場．

【定理 4.6】　定点 $\mathrm{A}(a,b,c)$ に対して

$\boldsymbol{r}_{\mathrm{A}} = (x-a, y-b, z-c)$，$r_{\mathrm{A}} = |\boldsymbol{r}_{\mathrm{A}}|$ とすると　$\boxed{\mathrm{grad}\ r_{\mathrm{A}} = \nabla r_{\mathrm{A}} = \dfrac{\boldsymbol{r}_{\mathrm{A}}}{r_{\mathrm{A}}}}$

例題 4.7　$\boldsymbol{r} = (x,y,z)$，$r = |\boldsymbol{r}|$ とする．次式を $\boldsymbol{r}$，r を用いて表せ．

(1)　∇r　　　(2)　$\nabla(r^3)$

「解」　(1)　$\nabla r = \dfrac{\boldsymbol{r}}{r}$　　（定理 4.6 で定点が原点の場合．直接計算してもよい．）

(2)　$\nabla(r^3) = 3r^2\nabla r = 3r^2\dfrac{\boldsymbol{r}}{r} = 3r\boldsymbol{r}$

【問題 4.13】　$\boldsymbol{r} = (x,y,z)$，$r = |\boldsymbol{r}|$ とする．次式を $\boldsymbol{r}$，r を用いて表せ．

(1) $\nabla(r^{-1})$　(2) $\nabla(\ln r)$　(3) $\nabla(\sqrt{r})$　(4) $\nabla(e^r)$　(5) $\nabla(\cos 2r)$

(6) $\nabla(r^n)$（n は自然数）

【方向微分係数】　点 $\boldsymbol{r_0}$，単位ベクトル $\boldsymbol{e}$，スカラー場 $f(x,y,z)$ に対して，方向微分係数 $\dfrac{\partial f}{\partial \boldsymbol{e}}(\boldsymbol{r_0})$ を次式で定める．

$$\frac{\partial f}{\partial \boldsymbol{e}}(\boldsymbol{r_0}) = \lim_{h\to 0}\frac{f(\boldsymbol{r_0}+h\boldsymbol{e}) - f(\boldsymbol{r_0})}{h}$$

… $\boldsymbol{r_0}$ での $\boldsymbol{e}$ 方向の **方向微分係数**

＊　方向微分係数は，点 $\boldsymbol{r_0}$ を通り $\boldsymbol{e}$ によって定まる直線上でのスカラー場の変化率．

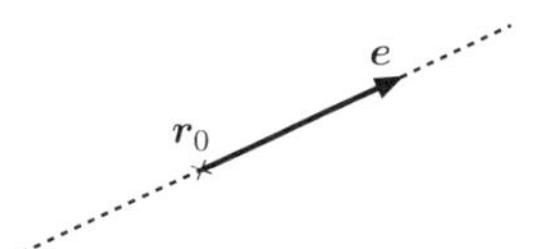

【定理 4.7】 $\boxed{\dfrac{\partial f}{\partial \boldsymbol{e}} = \boldsymbol{e} \cdot \nabla f}$

【定理 4.8】 等位面上の各点 P で ∇f は等位面に垂直（接平面に垂直）.

さらに，$\boldsymbol{n} = \dfrac{\nabla f}{|\nabla f|}$ とおくと $\boxed{\nabla f = \dfrac{\partial f}{\partial \boldsymbol{n}}\,\boldsymbol{n}}$

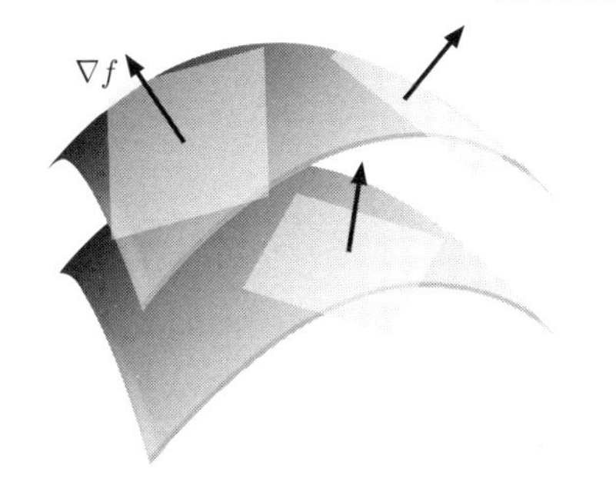

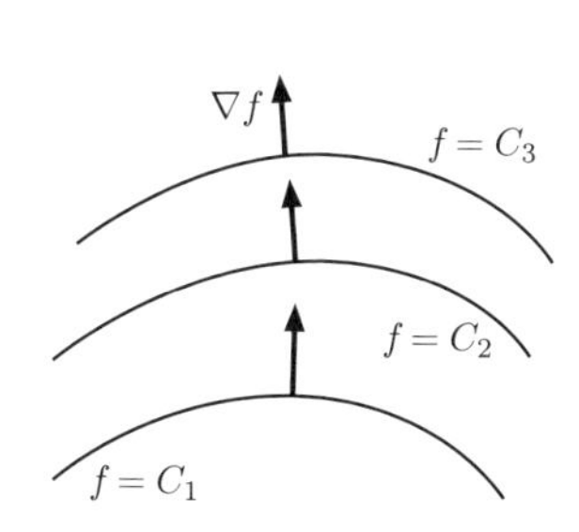

＊ 勾配 ∇f は方向微分係数が最大となる単位ベクトルの向き.
（変化率が最大，最も急勾配となる向き）さらに，∇f は等位面に垂直.

例題 4.8　$f(x,y,z) = xz^3 \cos y,\ \ \boldsymbol{e} = \dfrac{1}{\sqrt{6}}(2,-1,1)$ のとき，
$\dfrac{\partial f}{\partial \boldsymbol{e}}(1,0,2)$ を計算せよ.

……………………………………………………………………………………

「解」　$\nabla f = (z^3 \cos y,\ -xz^3 \sin y,\ 3xz^2 \cos y)$

$$\frac{\partial f}{\partial \boldsymbol{e}} = \boldsymbol{e} \cdot \nabla f = \frac{1}{\sqrt{6}}(2z^3 \cos y + xz^3 \sin y + 3xz^2 \cos y) \quad \text{より}$$

$$\frac{\partial f}{\partial \boldsymbol{e}}(1,0,2) = \frac{1}{\sqrt{6}}(16 + 0 + 12) = \frac{28}{\sqrt{6}} \ \left(= \frac{14\sqrt{6}}{3} \right)$$

【問題 4.14】 次の方向微分係数を求めよ.

(1)　$f(x,y,z) = xyz + z$，$\boldsymbol{e} = \dfrac{1}{\sqrt{2}}(0,-1,1)$ のとき，$\dfrac{\partial f}{\partial \boldsymbol{e}}(1,2,1)$

(2)　$f(x,y,z) = x^3y^2 + z^2$，$\boldsymbol{e} = \dfrac{1}{\sqrt{2}}(1,0,-1)$ のとき，$\dfrac{\partial f}{\partial \boldsymbol{e}}(0,-3,1)$

(3)　$f(x,y,z) = \sqrt{x^2 + y^2 + z^2}$，$\boldsymbol{e} = \dfrac{1}{\sqrt{6}}(2,-1,1)$ のとき，$\dfrac{\partial f}{\partial \boldsymbol{e}}(-1,-1,2)$

4.6　div，rot，ラプラシアン

【ベクトル場の発散（divergence）】

ベクトル場 $\boldsymbol{F}(x,y,z)=(f_1(x,y,z),f_2(x,y,z),f_3(x,y,z))$ に対し，$\boldsymbol{F}$ の発散を次式で定め，$\mathrm{div}\,\boldsymbol{F}$ または $\nabla\cdot\boldsymbol{F}$ と表す．

$$\mathrm{div}\,\boldsymbol{F}=\nabla\cdot\boldsymbol{F}=\frac{\partial f_1}{\partial x}+\frac{\partial f_2}{\partial y}+\frac{\partial f_3}{\partial z}\quad\cdots\ \boldsymbol{F}\text{ の 発散（divergence）}$$

・　$\mathrm{div}\,\boldsymbol{F}=0$ のとき **湧きだしなし**，**回転的** という．

＊　流体の速度 $\boldsymbol{v}$ について，$\mathrm{div}\,\boldsymbol{v}$ は単位時間，単位体積あたりの流出量．電場や磁場も同様．

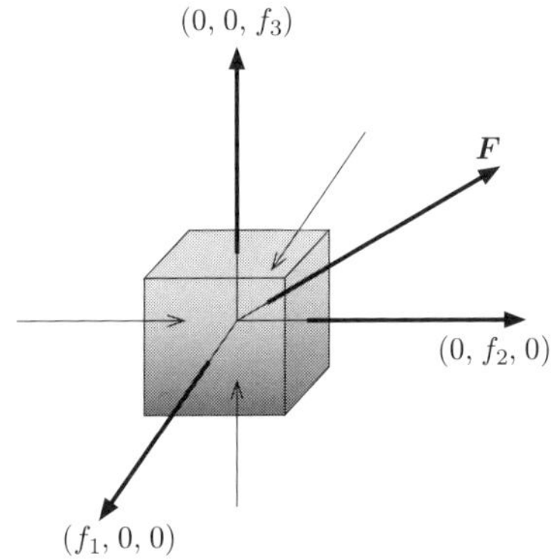

例題 4.9　$\boldsymbol{F}=(x,\,y,\,0)$ について $\mathrm{div}\,\boldsymbol{F}$ を計算せよ．

「解」　$\mathrm{div}\,\boldsymbol{F}=1+1+0=2$

【問題 4.15】　次のベクトル場 $\boldsymbol{F}$ の発散 $\mathrm{div}\,\boldsymbol{F}$ を計算せよ（ω は正定数）．

(1) $\boldsymbol{F}=(2xy,\,3yz,\,z)$　　(2) $\boldsymbol{F}=(-\omega y,\,\omega x,\,0)$

(3) $\boldsymbol{F}=(x^2y,\,-yz^2,\,3xyz^3)$　　(4) $\boldsymbol{F}=(e^{xy},\,z^3,\,-xz)$

(5) $\boldsymbol{F}=(z\cos x,\,x\sin y,\,-z^2)$　　(6) $\boldsymbol{F}=(e^y\cos x,\,0,\,z\cos z)$

【定理 4.9】　$\boldsymbol{F},\boldsymbol{G}$ をベクトル場，f をスカラー場，λ を定数とする．

(1) $\mathrm{div}(\boldsymbol{F}+\boldsymbol{G})=\mathrm{div}\,\boldsymbol{F}+\mathrm{div}\,\boldsymbol{G}$　　$\nabla\cdot(\boldsymbol{F}+\boldsymbol{G})=\nabla\cdot\boldsymbol{F}+\nabla\cdot\boldsymbol{G}$

(2) $\mathrm{div}(f\boldsymbol{G})=\mathrm{grad}\,f\cdot\boldsymbol{G}+f\ \mathrm{div}\,\boldsymbol{G}$　　$\nabla\cdot(f\boldsymbol{G})=(\nabla f)\cdot\boldsymbol{G}+f(\nabla\cdot\boldsymbol{G})$

$\mathrm{div}(\lambda\boldsymbol{F})=\lambda\ \mathrm{div}\,\boldsymbol{F}$　　$\nabla\cdot(\lambda\boldsymbol{F})=\lambda(\nabla\cdot\boldsymbol{F})$

【定理 4.10】 定点 $\mathrm{A}(a,b,c)$ に対して

$\boldsymbol{r}_{\mathrm{A}}=(x-a, y-b, z-c)$ とすると $\boxed{\operatorname{div}\boldsymbol{r}_{\mathrm{A}}=\nabla\cdot\boldsymbol{r}_{\mathrm{A}}=3}$

例題 4.10 $\boldsymbol{r}=(x,y,z)$, $r=|\boldsymbol{r}|$ のとき，次式を計算せよ．

(1) $\nabla\cdot\boldsymbol{r}$ (2) $\nabla\cdot(r\,\boldsymbol{r})$

「解」(1) $\nabla\cdot\boldsymbol{r}=3$ （直接計算してもよい）

(2) $\nabla\cdot(r\,\boldsymbol{r})=(\nabla r)\cdot\boldsymbol{r}+r\,(\nabla\cdot\boldsymbol{r})=\dfrac{\boldsymbol{r}}{r}\cdot\boldsymbol{r}+3r=\dfrac{r^2}{r}+3r=4r$

【問題 4.16】 $\boldsymbol{r}=(x,y,z)$, $r=|\boldsymbol{r}|$ のとき，次式を計算し r を用いて表せ．

(1) $\operatorname{div}\left(\dfrac{1}{r}\boldsymbol{r}\right)$ (2) $\operatorname{div}\left(\dfrac{1}{r^3}\boldsymbol{r}\right)$ (3) $\operatorname{div}(e^r\,\boldsymbol{r})$

(4) $\operatorname{div}((\ln r)\,\boldsymbol{r})$ (5) $\operatorname{div}(r^n\,\boldsymbol{r})$ （n は自然数）

【ラプラシアン，Δ】

スカラー場（関数） $f(x,y,z)$ に対して，Δf を次式で定める．

$$\boxed{\Delta f=\frac{\partial^2 f}{\partial x^2}+\frac{\partial^2 f}{\partial y^2}+\frac{\partial^2 f}{\partial z^2}}$$

・ Δ をラプラシアンという．

$$\Delta=\frac{\partial^2}{\partial x^2}+\frac{\partial^2}{\partial y^2}+\frac{\partial^2}{\partial z^2}\quad\cdots\text{ラプラシアン（\textbf{Laplacian}）}$$

$\Delta=\nabla\cdot\nabla$ とも表す．また，$\Delta f=0$ を満たす関数 f を **調和関数** という．

（参考）**ダランベルシアン（d'Alembertian）**：$\Box=\dfrac{\partial^2}{\partial t^2}-\Delta$

【定理 4.11】 f,g をスカラー場とする．

(1) $\Delta f=\nabla\cdot(\nabla f)=\operatorname{div}\operatorname{grad}f$ (2) $\Delta(fg)=f\Delta g+2\nabla f\cdot\nabla g+g\Delta f$

例題 4.11 $\boldsymbol{r}=(x,y,z)$, $r=|\boldsymbol{r}|$ のとき，定理を用いて $\Delta(r^{-1})$ を計算せよ．

「解」
$$\begin{aligned}\Delta(r^{-1})&=\nabla\cdot(\nabla r^{-1})=\nabla\cdot(-r^{-2}\nabla r)=-\nabla\cdot\left(r^{-2}\frac{\boldsymbol{r}}{r}\right)\\&=-\nabla\cdot(r^{-3}\boldsymbol{r})=-\nabla(r^{-3})\cdot\boldsymbol{r}-r^{-3}\nabla\cdot\boldsymbol{r}\\&=3r^{-4}\nabla r\cdot\boldsymbol{r}-3r^{-3}=3r^{-4}\frac{\boldsymbol{r}}{r}\cdot\boldsymbol{r}-3r^{-3}=0\end{aligned}$$

【問題 4.17】 $\boldsymbol{r} = (x, y, z)$, $r = |\boldsymbol{r}|$ のとき，次式を計算せよ（r を用いて表せ）．

(1)　Δr　　(2)　$\Delta(r^{-2})$　　(3)　$\Delta(\ln r)$　　(4)　$\Delta(r \ln r)$

【問題 4.18】 関数 $f(x, y, z) = g(r)$（$r = \sqrt{x^2 + y^2 + z^2}$，$g$ は1変数関数）について，次の問いに答えよ．

(1) Δf を g と r を用いて表せ．　(2) $\Delta r^n = n(n+1)r^{n-2}$ （$n > 2$）を示せ．

【ベクトル場の回転（rotation)】

ベクトル場 $\boldsymbol{F}(x, y, z) = (f_1(x, y, z), f_2(x, y, z), f_3(x, y, z))$ に対し，$\boldsymbol{F}$ の回転を次式で定め，$\mathrm{rot}\,\boldsymbol{F}$ または $\nabla \times \boldsymbol{F}$ と表す．

$$\mathrm{rot}\,\boldsymbol{F} = \nabla \times \boldsymbol{F} = \left(\frac{\partial f_3}{\partial y} - \frac{\partial f_2}{\partial z}, \frac{\partial f_1}{\partial z} - \frac{\partial f_3}{\partial x}, \frac{\partial f_2}{\partial x} - \frac{\partial f_1}{\partial y} \right)$$

$\cdots$　$\boldsymbol{F}$ の **回転（rotation）**

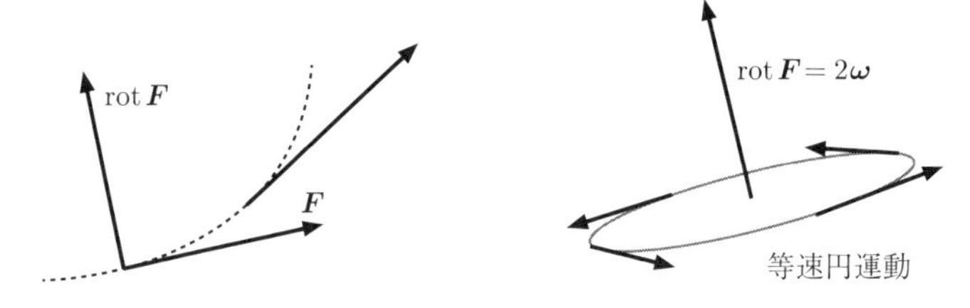

＊　回転はベクトル場の回転効果を表す．

・　等速円運動の場合，$\mathrm{rot}\,\boldsymbol{r} = 2\boldsymbol{\omega}$ （$\boldsymbol{\omega}$ は角速度ベクトル）

・　流体の速度の場合，回転を **渦度** という．

・　$\mathrm{rot}\,\boldsymbol{F} = \boldsymbol{o}$ のとき **渦なし**，**非回転的** という．

（参考）　$$\nabla \times \boldsymbol{F} = \left(\begin{vmatrix} \frac{\partial}{\partial y} & \frac{\partial}{\partial z} \\ f_2 & f_3 \end{vmatrix}, \begin{vmatrix} \frac{\partial}{\partial z} & \frac{\partial}{\partial x} \\ f_3 & f_1 \end{vmatrix}, \begin{vmatrix} \frac{\partial}{\partial x} & \frac{\partial}{\partial y} \\ f_1 & f_2 \end{vmatrix} \right)$$

例題 4.12　$\boldsymbol{F} = (xy,\ yz,\ zx)$ の回転　$\mathrm{rot}\,\boldsymbol{F}$ を計算せよ．

「解」

$$\mathrm{rot}\,\boldsymbol{F} = \left(\frac{\partial(zx)}{\partial y} - \frac{\partial(yz)}{\partial z}, \frac{\partial(xy)}{\partial z} - \frac{\partial(zx)}{\partial x}, \frac{\partial(yz)}{\partial x} - \frac{\partial(xy)}{\partial y} \right) = (-y, -z, -x)$$

【問題 4.19】 次のベクトル場 $\boldsymbol{F}$ の回転 $\mathrm{rot}\,\boldsymbol{F}$ を計算せよ（ω は正定数）.

(1) $\boldsymbol{F}=(-\omega y,\ \omega x,\ z)$　(2) $\boldsymbol{F}=(x^2,\ y^2,\ z^2)$

(3) $\boldsymbol{F}=(2y-z,\ x+y-z,\ 4x+y)$

(4) $\boldsymbol{F}=(x^2y^2,\ y^2z^2,\ z^2x^2)$　(5) $\boldsymbol{F}=(2y-xz,\ x^2+y^2-z^2,\ 2x+y)$

(6) $\boldsymbol{F}=(\sin(xy),\ x^2e^{yz},\ xe^{-z})$　(7) $\boldsymbol{F}=(z\cos(xy),\ \tan^{-1}(xy),\ \ln(z^2+1))$

【定理 4.12】 定点 $\mathrm{A}(a,b,c)$ に対して

$\boldsymbol{r}_\mathrm{A}=(x-a,y-b,z-c)$ とすると $\boxed{\mathrm{rot}\,\boldsymbol{r}_\mathrm{A}=\nabla\times\boldsymbol{r}_\mathrm{A}=\boldsymbol{o}}$

【定理 4.13】 $\boldsymbol{F}$, $\boldsymbol{G}$ をベクトル場，f をスカラー場，λ を定数とする.

(1) $\mathrm{rot}\,(\boldsymbol{F}+\boldsymbol{G})=\mathrm{rot}\,\boldsymbol{F}+\mathrm{rot}\,\boldsymbol{G}$　$\nabla\times(\boldsymbol{F}+\boldsymbol{G})=\nabla\times\boldsymbol{F}+\nabla\times\boldsymbol{G}$

(2) $\mathrm{rot}\,(f\boldsymbol{G})=\mathrm{grad}\,f\times\boldsymbol{G}+f\,\mathrm{rot}\,\boldsymbol{G}$　$\nabla\times(f\boldsymbol{G})=(\nabla f)\times\boldsymbol{G}+f(\nabla\times\boldsymbol{G})$

$\mathrm{rot}\,(\lambda\boldsymbol{F})=\lambda\,\mathrm{rot}\,\boldsymbol{F}$　$\nabla\times(\lambda\boldsymbol{F})=\lambda(\nabla\times\boldsymbol{F})$

【定理 4.14】 $\boldsymbol{F}, \boldsymbol{G}$ をベクトル場，f をスカラー場とする.

(1) $\mathrm{rot}\,(\mathrm{grad}\,f)=\boldsymbol{o}$　$\nabla\times(\nabla f)=\boldsymbol{o}$

(2) $\mathrm{div}\,(\mathrm{rot}\,\boldsymbol{F})=0$　$\nabla\cdot(\nabla\times\boldsymbol{F})=0$

(3) $\mathrm{rot}\,(\mathrm{rot}\,\boldsymbol{F})=\mathrm{grad}\,(\mathrm{div}\boldsymbol{F})-\Delta\boldsymbol{F}$　$\nabla\times(\nabla\times\boldsymbol{F})=\nabla(\nabla\cdot\boldsymbol{F})-\Delta\boldsymbol{F}$

（補）

grad	：	スカラー場	$\mapsto$	ベクトル場
div	：	ベクトル場	$\mapsto$	スカラー場
rot	：	ベクトル場	$\mapsto$	ベクトル場

【問題 4.20】 ベクトル場 $\boldsymbol{F}$ に対し，曲線 $C:\boldsymbol{r}(t)=(x(t),y(t),z(t))$ の各点で $\dfrac{d\boldsymbol{r}}{dt}=\boldsymbol{F}$ となる曲線 C をベクトル場 $\boldsymbol{F}$ の **流線** という.

（$\boldsymbol{F}\neq\boldsymbol{o}$ のとき，その点を通る流線は一意的に定まる）

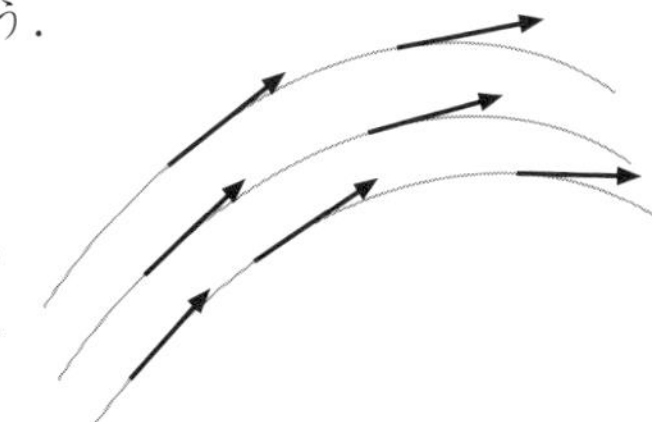

(1) $\boldsymbol{F}=(x,\ -y,\ 0)$ の点 $(2,-1,3)$ を通る流線を求めよ.

(2) $\boldsymbol{F}=(y,\ -x,\ 0)$ の点 $(3,-4,2)$ を通る流線を求めよ.

【問題 4.21】 $\boldsymbol{U}, \boldsymbol{F}, \boldsymbol{J}$ をベクトル場，φ, ρ をスカラー場とする．

$$\operatorname{div} \boldsymbol{U} = 0 \ , \ \boldsymbol{F} = -\nabla\varphi + \operatorname{rot} \boldsymbol{U} \ , \ \operatorname{div} \boldsymbol{F} = 4\pi\rho \ , \ \operatorname{rot} \boldsymbol{F} = 4\pi \boldsymbol{J}$$

であるとき，　$\Delta\varphi = -4\pi\rho$, $\Delta \boldsymbol{U} = -4\pi \boldsymbol{J}$　が成り立つことを示せ．

【問題 4.22】 $\boldsymbol{H}, \boldsymbol{I}, \boldsymbol{D}$ をベクトル場，ρ をスカラー場とする．

$\operatorname{rot} \boldsymbol{H} = \boldsymbol{I} + \dfrac{\partial \boldsymbol{D}}{\partial t}$, $\operatorname{div} \boldsymbol{D} = \rho$　であるとき，次式が成り立つことを示せ．

$$\frac{\partial \rho}{\partial t} + \operatorname{div} \boldsymbol{I} = 0 \quad （電荷の連続方程式）$$

【問題 4.23】 $\boldsymbol{F}$ をベクトル場，$\rho\ (\neq 0)$ を定数，p をスカラー場とする．

$\rho \boldsymbol{F} = \nabla p$ のとき，$\operatorname{rot} \boldsymbol{F} = \boldsymbol{o}$　が成り立つことを示せ．

【問題 4.24】 $\boldsymbol{v}$ を速度ベクトル，$\boldsymbol{F}$ を外力ベクトル場，ρ を密度，p を圧力，t を時間変数とする．$\boldsymbol{F} = -\nabla\Phi$ （Φ はスカラー場）であり，$p, \boldsymbol{v}$ は t に無関係，ρ は一定（定数），$\operatorname{rot} \boldsymbol{v} = \boldsymbol{o}$ とする．このとき，流体の運動方程式：

$$\frac{\partial \boldsymbol{v}}{\partial t} - \boldsymbol{v} \times \operatorname{rot} \boldsymbol{v} = \boldsymbol{F} - \frac{\nabla p}{\rho} - \nabla\left(\frac{1}{2}\boldsymbol{v}^2\right)$$

を用いて　$\dfrac{p}{\rho} + \dfrac{1}{2}\boldsymbol{v}^2 + \Phi$　が一定であることを示せ．（$\boldsymbol{v}^2 = \boldsymbol{v} \cdot \boldsymbol{v}$）

4.7　単位接線ベクトル，曲率

【曲線と単位接線ベクトル】

ベクトル関数 $\boldsymbol{r} = \boldsymbol{r}(t) = (x(t), y(t), z(t)) \quad (a \leqq t \leqq b)$

は始点が $\boldsymbol{r}(a)$，終点が $\boldsymbol{r}(b)$ の空間曲線を表す．

曲線 $\boldsymbol{r}(t)$ に対し，$\dfrac{d\boldsymbol{r}}{dt} \neq \boldsymbol{o}$ のとき，単位接線ベクトル $\boldsymbol{t}$ を次式で定める．

$$\boldsymbol{t} = \frac{d\boldsymbol{r}}{dt} \Bigg/ \left|\frac{d\boldsymbol{r}}{dt}\right| = \frac{d\boldsymbol{r}}{ds} = \frac{d\boldsymbol{r}}{dt} \Bigg/ \frac{ds}{dt} \quad \cdots \quad \text{単位接線ベクトル}$$

（空間曲線の接線に対応するベクトルで長さが 1）

ここで，$s = s(t)$ は始点 $\boldsymbol{r}(a)$ から $\boldsymbol{r}(t)$ までの曲線の長さ（弧長）．

$$\frac{ds}{dt} = \sqrt{(x'(t))^2 + (y'(t))^2 + (z'(t))^2} = \left|\frac{d\boldsymbol{r}}{dt}\right|$$

例題 4.13　常らせん $\boldsymbol{r}(t)=(\cos t, \sin t, t)$ の単位接線ベクトル $\boldsymbol{t}$ を求めよ．

「解」
$$\frac{d\boldsymbol{r}}{dt}=(-\sin t,\, \cos t,\, 1)$$

$$\left|\frac{d\boldsymbol{r}}{dt}\right|=\sqrt{(-\sin t)^2+\cos^2 t+1}=\sqrt{2}\quad \text{より}$$

$$\boldsymbol{t}=\frac{1}{\sqrt{2}}(-\sin t, \cos t, 1)$$

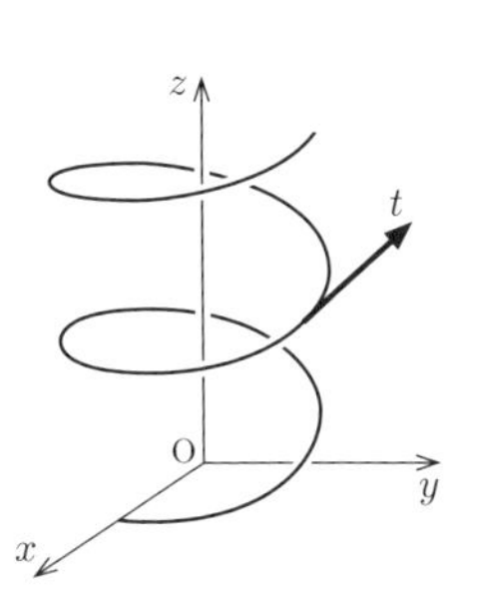

【問題 4.25】　次の曲線の単位接線ベクトル $\boldsymbol{t}$ を求めよ．

(1) $\boldsymbol{r}(t)=(\cos 2t,\, \sin 2t,\, 3t)$　　(2) $\boldsymbol{r}(t)=(t,\, 2t,\, 3t^2)$

(3) $\boldsymbol{r}(t)=(t,\, e^t,\, e^{-t})$　　(4) $\boldsymbol{r}(t)=(e^t \sin t,\, e^t,\, e^t \cos t)$

(5) $\boldsymbol{r}(t)=(\sin 3t,\, t^2,\, \cos 3t)$

【曲率】　～　曲線の曲がる度合い

曲線 $\boldsymbol{r}(t)$ と単位接線ベクトル $\boldsymbol{t}$ に対し，
曲率 κ，曲率半径 ρ を次式で定める．

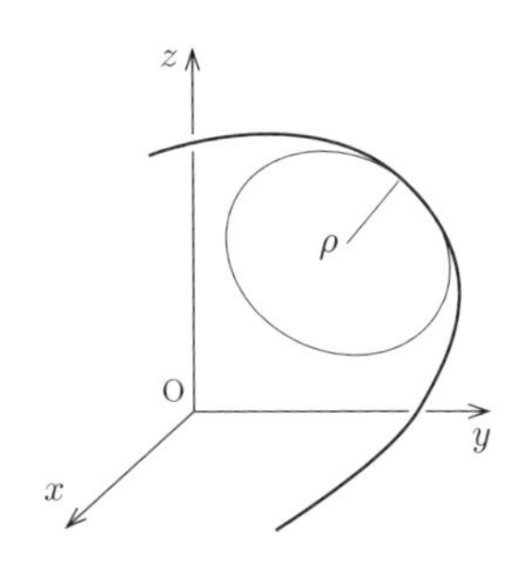

$$\kappa=\left|\frac{d\boldsymbol{t}}{ds}\right| \quad \cdots\cdots \text{曲率}$$

$$\rho=\frac{1}{\kappa} \quad \cdots\cdots \text{曲率半径}$$

$\kappa=0$ のとき $\rho=\infty$ とする（直線）

・　円の曲率／曲率半径は円上で一定値で，[円の半径]=[曲率半径]

・
$$\kappa=\frac{\sqrt{\Big(x'y''-x''y'\Big)^2+\Big(y'z''-y''z'\Big)^2+\Big(z'x''-z''x'\Big)^2}}{\Big\{(x')^2+(y')^2+(z')^2\Big\}^{3/2}}$$

・　平面曲線の場合は $\boldsymbol{r}=(x(t), y(t), 0)$ として考える．

例題 4.14　$\boldsymbol{r}(t) = (\cos t,\, \sin t,\, t)$ の各点での曲率 κ と曲率半径 ρ を求めよ．

「解」　$\dfrac{d\boldsymbol{r}}{dt} = (-\sin t,\, \cos t,\, 1)$，$\dfrac{ds}{dt} = \sqrt{(-\sin t)^2 + \cos^2 t + 1} = \sqrt{2}$　より

$$\boldsymbol{t} = \frac{1}{\sqrt{2}}(-\sin t,\, \cos t,\, 1) \quad , \quad \frac{d\boldsymbol{t}}{dt} = \frac{1}{\sqrt{2}}(-\cos t,\, -\sin t,\, 0)$$

$$\frac{d\boldsymbol{t}}{ds} = \frac{d\boldsymbol{t}}{dt}\Big/\frac{ds}{dt} = \frac{1}{2}(-\cos t,\, -\sin t,\, 0)$$

$$\kappa = \frac{1}{2}\sqrt{(-\cos t)^2 + (-\sin t)^2 + 0} = \frac{1}{2} \quad , \quad \rho = 2$$

【問題 4.26】　次の曲線の指定された点での曲率と曲率半径を求めよ．

(1) $\boldsymbol{r}(t) = (\cos 2t,\, \sin 2t,\, 3t)$　，各点

(2) $\boldsymbol{r}(t) = (e^t \sin t,\, e^t,\, e^t \cos t)$　，各点

(3) $\boldsymbol{r}(t) = (e^t \sin t,\, e^t,\, e^t \cos t)$　，点 $(0, 1, 1)$

(4) $\boldsymbol{r}(t) = (\cos t,\, \sin t,\, \ln(\cos t))$　，点 $(1, 0, 0)$

(5) $\boldsymbol{r}(t) = \left(\int_0^t \cos(u^2)\, du,\, \int_0^t \sin(u^2)\, du,\, t\right)$　$(t > 0)$　，各点

4.8　線積分

【スカラー場の線積分】

曲線 C ：$\boldsymbol{r} = (x(t),\, y(t),\, z(t))$，　$a \leqq t \leqq b$（始点 $\boldsymbol{r}(a)$，終点 $\boldsymbol{r}(b)$）と

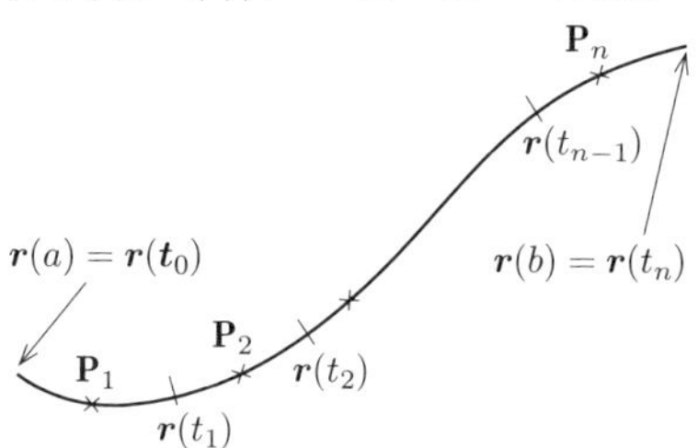

C で連続なスカラー場 $f(x, y, z)$ に対し，C を分割し各分割曲線の長さを Δs_j，各分割曲線上の任意の点を P_j（$j = 1, 2, ..., n$）とする．リーマン和 $\displaystyle\sum_{j=1}^{n} f(\mathrm{P}_j)\Delta s_j$ の分割を細かくした極限を $\displaystyle\int_C f(x, y, z)\, ds$ と表し，曲線 C に沿った **線積分** という．

・　C を **積分経路**，$\displaystyle\int_C f(x,y,z)ds$ を **経路積分** ということもある．

・　**閉曲線**　‥‥　始点と終点が一致する曲線

閉曲線 C についての線積分は $\displaystyle\oint_C f(x,y,z)ds$ と表すこともある．

・　ds を **線素** という．$ds = \left|\dfrac{d\boldsymbol{r}}{dt}\right| dt$

【定理 4.15】　空間曲線 C ：$\boldsymbol{r} = (x(t),\ y(t),\ z(t))$，　$a \leqq t \leqq b$　について，

$$\int_C f(x,y,z)\ ds = \int_a^b f(x(t),y(t),z(t)) \left|\frac{d\boldsymbol{r}}{dt}\right| dt$$

$$= \int_a^b f(x(t),y(t),z(t))\sqrt{(x'(t))^2+(y'(t))^2+(z'(t))^2}\ dt$$

$\cdots$　曲線 C に沿った線積分

例題 4.15　$\displaystyle\int_C xy^2\, ds$　を計算せよ．C：$\boldsymbol{r} = (\cos t,\ \sin t,\ t)$，$0 \leqq t \leqq 2\pi$

「解」

$$\int_C xy^2\, ds = \int_0^{2\pi} \cos t\ \sin^2 t\sqrt{(-\sin t)^2+\cos^2 t+1}\,dt$$

$$= \sqrt{2}\int_0^{2\pi} \sin^2 t(\sin t)'\, dt = \frac{\sqrt{2}}{3}\Big[\sin^3 t\Big]_0^{2\pi} = 0$$

【問題 4.27】　次の線積分を計算せよ．

(1) $\displaystyle\int_C xyz\, ds$，　線分 C：$\boldsymbol{r} = (t,\ 2t,\ 3t)$，$0 \leqq t \leqq 1$

(2) $\displaystyle\int_C (-xy+z)\, ds$，　線分 C：$\boldsymbol{r} = (t,\ 2-t,\ 3t)$，$0 \leqq t \leqq 1$

(3) $\displaystyle\int_C xy\, ds$，　曲線 C：$\boldsymbol{r} = (\cos t,\ \sin t,\ 3t)$，$0 \leqq t \leqq \pi/2$

(4) $\displaystyle\int_C z\, ds$，　曲線 C：$\boldsymbol{r} = (t\cos t,\ t\sin t,\ t)$，$0 \leqq t \leqq 1$

（補 1）$\displaystyle\int_C 1\, ds =$ [曲線 C の長さ]

（補 2）$\displaystyle\int_C f(x,y,z)\, d\boldsymbol{r} = \int_a^b f(x(t),y(t),z(t))\,\frac{d\boldsymbol{r}}{dt}\, dt$

【ベクトル場の接線線積分】

曲線 C：$\boldsymbol{r}=\boldsymbol{r}(t)=(x(t),\,y(t),\,z(t))$　$(a \leqq t \leqq b)$ で連続なベクトル場 $\boldsymbol{F}(x,y,z)=(f_1(x,y,z),\,f_2(x,y,z),\,f_3(x,y,z))$ に対し，**接線線積分** $\displaystyle\int_C \boldsymbol{F}\cdot d\boldsymbol{r}$ を次式で定める．

$$\int_C \boldsymbol{F}\cdot d\boldsymbol{r}=\int_a^b \boldsymbol{F}\cdot\frac{d\boldsymbol{r}}{dt}\,dt=\int_a^b\left(f_1\,\frac{dx}{dt}+f_2\,\frac{dy}{dt}+f_3\,\frac{dz}{dt}\right)dt$$

…… 曲線 C に沿った **接線線積分**

- $\displaystyle d\boldsymbol{r}=\frac{d\boldsymbol{r}}{dt}\,dt=\boldsymbol{t}\,ds$
- 接線線積分は，力の場では **仕事量** を表し，閉曲線の場合に流体の速度では **循環** とよばれる渦の強さを表す．

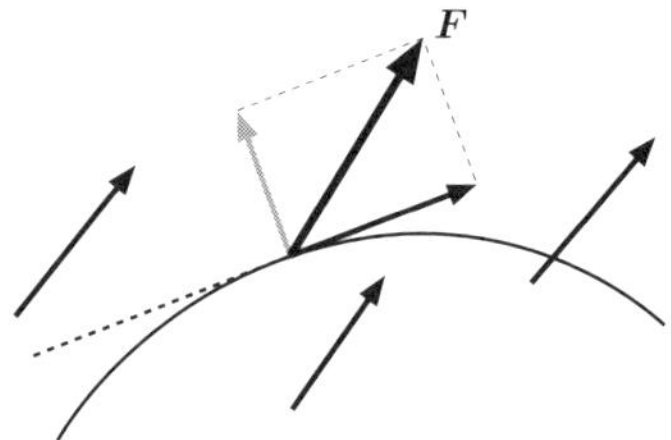

$\boldsymbol{F}$ を接線方向と垂直方向に分解

- $\displaystyle\int_C \boldsymbol{F}\cdot d\boldsymbol{r}=\int_C \boldsymbol{F}\cdot\boldsymbol{t}\,ds$　（ $\boldsymbol{t}$ は単位接線ベクトル）
- $\displaystyle\int_C \boldsymbol{F}\times d\boldsymbol{r}=\left(\int_C(f_2\,dz-f_3dy),\,\int_C(f_3\,dx-f_1\,dz),\,\int_C(f_1\,dy-f_2\,dx)\right)$

例題 4.16　$\boldsymbol{F}=(-y,\,x,\,2z)$，曲線 C：$\boldsymbol{r}=(\cos t,\,\sin t,\,t)$,　$0 \leqq t \leqq 2\pi$ について $\displaystyle\int_C \boldsymbol{F}\cdot d\boldsymbol{r}$ を計算せよ．

……………………………………………………………………

「解」

$$\begin{aligned}\int_C \boldsymbol{F}\cdot d\boldsymbol{r}&=\int_C(-y\,dx+x\,dy+2z\,dz)\\&=\int_0^{2\pi}(-\sin t(-\sin t)+\cos t\cdot\cos t+2t\cdot 1)\,dt=\int_0^{2\pi}(2t+1)\,dt\\&=\Big[t^2+t\Big]_0^{2\pi}=4\pi^2+2\pi\end{aligned}$$

【問題 4.28】　接線線積分 $\displaystyle\int_C \boldsymbol{F}\cdot d\boldsymbol{r}$ を計算せよ．

(1) $\boldsymbol{F}=(x,\,2y,\,0)$，曲線 C：$\boldsymbol{r}=(\cos t,\,\sin t,\,t)$,　$0\leqq t\leqq \pi/2$
(2) $\boldsymbol{F}=(y,\,x,\,1)$，曲線 C：$\boldsymbol{r}=(\cos t,\,\sin t,\,t)$,　$0\leqq t\leqq 2\pi$
(3) $\boldsymbol{F}=(z-x,\,x-y,\,y-z)$，線分 C：$\boldsymbol{r}=(t,\,-2t,\,2t)$,　$0\leqq t\leqq 1$
(4) $\boldsymbol{F}=(z-2x,\,x-2y,\,y-2z)$，線分 C：$\boldsymbol{r}=(1-2t,\,3t,\,t)$,　$0\leqq t\leqq 1$
(5) $\boldsymbol{F}=(3xy,\,-yz,\,2xz)$，曲線 C：$\boldsymbol{r}=(t-1,\,t^2,\,-t^2)$,　$-1\leqq t\leqq 1$
(6) $\boldsymbol{F}=(x+y,\,y,\,2z)$，曲線 C：$\boldsymbol{r}=(t,\,t^2-t,\,e^t)$,　$0\leqq t\leqq 1$
(7) $\boldsymbol{F}=(x+2,\,y^2,\,z+1)$，閉曲線 C：$\boldsymbol{r}=(\cos t,\,2\sin t,\,\sin 2t)$, $0\leqq t\leqq 2\pi$

【スカラーポテンシャル】

ベクトル場 $\boldsymbol{F}$ に対して $\boxed{\boldsymbol{F}=-\nabla\varphi}$ となるスカラー場 φ が存在するとき，$\boldsymbol{F}$ を **保存力場**，φ を **スカラーポテンシャル** という．

【定理 4.16】　$\boldsymbol{F}$ が保存力場で，φ がスカラーポテンシャルのとき
始点 A，終点 B の曲線 C について

$$\int_C \boldsymbol{F}\cdot d\boldsymbol{r}=\varphi(\mathrm{A})-\varphi(\mathrm{B})$$

（曲線によらず，始点と終点のみで値が定まる．$\displaystyle\int_{\mathrm{A}}^{\mathrm{B}} \boldsymbol{F}\cdot d\boldsymbol{r}$ と表すこともある．）

・　$\boldsymbol{F}$ が保存力場で C が 閉曲線 のとき　$\displaystyle\oint_C \boldsymbol{F}\cdot d\boldsymbol{r}=0$

・　$\boldsymbol{F}$ が保存力場　$\Longleftrightarrow$　領域内の任意の閉曲線 C について $\displaystyle\oint_C \boldsymbol{F}\cdot d\boldsymbol{r}=0$

【定理 4.17】　領域 D が $\boldsymbol{R}^3$，球面内部領域，直方体領域などの場合
D で $\mathrm{rot}\,\boldsymbol{F}=\boldsymbol{o}$　$\Longleftrightarrow$　$\boldsymbol{F}$ は保存力場

・　一般には単連結領域で成り立つ．
単連結領域 $\cdots\cdot$ D 内部のどの閉曲線も連続的に変形して 1 点に収縮できる領域

例題 4.17　$\boldsymbol{r}=(x,y,z)$，$r=|\boldsymbol{r}|$ とする．原点 O にある質量 m の質点が作る重力場 $\boldsymbol{F}=-Gm\dfrac{\boldsymbol{r}}{r^3}$ に対し，$\varphi=-\dfrac{Gm}{r}$（G は正定数）がスカラーポテンシャルであることを示し，次の線積分を計算せよ：

$$\int_C \boldsymbol{F}\cdot d\boldsymbol{r}\ ,\ C \text{ は始点 A}(0,0,1),\ \text{終点 B}(1,2,2) \text{ の曲線.}$$

「解」　$-\mathrm{grad}\left(-\dfrac{Gm}{r}\right)=Gm\nabla(r^{-1})=-Gmr^{-2}\nabla r=-Gmr^{-2}\dfrac{\boldsymbol{r}}{r}=-Gm\dfrac{\boldsymbol{r}}{r^3}$

より　$\varphi=-\dfrac{Gm}{r}$ は $\boldsymbol{F}$ のスカラーポテンシャルである．

$$\int_C \boldsymbol{F}\cdot d\boldsymbol{r}=\varphi(\mathrm{A})-\varphi(\mathrm{B})=-Gm\left(1-\frac{1}{3}\right)=-\frac{2}{3}Gm$$

【問題 4.29】　$\boldsymbol{r}=(x,y,z)$，$r=|\boldsymbol{r}|$ とする．次のベクトル場 に対し，φ がスカラーポテンシャルであることを示し，線積分を計算せよ．

(1)　原点 O にある電荷 q の点電荷が作る静電場 $\boldsymbol{E}=\dfrac{q\boldsymbol{r}}{4\pi\varepsilon_0 r^3}$

（q, ε_0 は正定数）について，$\varphi=\dfrac{q}{4\pi\varepsilon_0 r}$（静電ポテンシャル），

$$\int_C \boldsymbol{E}\cdot d\boldsymbol{r}\ ,\ C \text{ は始点 A}(0,1,1),\ \text{終点 B}(2,0,2) \text{ の曲線.}$$

(2)　弾性体における弾性力場 $\boldsymbol{F}=-k\boldsymbol{r}$（$k$ は正定数）について，$\varphi=\dfrac{kr^2}{2}$，

$$\int_C \boldsymbol{F}\cdot d\boldsymbol{r}\ ,\ C \text{ は始点 A}(0,2,1),\ \text{終点 B}(1,2,3) \text{ の曲線.}$$

4.9　曲面と単位法線ベクトル

2 変数ベクトル関数 $\boldsymbol{r}=\boldsymbol{r}(u,v)=(x(u,v),y(u,v),z(u,v))$，$(u,v)\in D$ は空間内の曲面を表す．

・偏導関数　$\boldsymbol{r}_u=\dfrac{\partial\boldsymbol{r}}{\partial u}=\left(\dfrac{\partial x}{\partial u},\dfrac{\partial y}{\partial u},\dfrac{\partial z}{\partial u}\right)$，$\boldsymbol{r}_v=\dfrac{\partial\boldsymbol{r}}{\partial v}=\left(\dfrac{\partial x}{\partial v},\dfrac{\partial y}{\partial v},\dfrac{\partial z}{\partial v}\right)$

曲面上の点において，その点での接平面に垂直なベクトルを**法線ベクトル**という．法線ベクトルのうち長さが 1 のものを**単位法線ベクトル**といい，$\boldsymbol{n}$ で表す．

【定理 4.18】 [単位法線ベクトル $\boldsymbol{n}$]

(1) 曲面 $\boldsymbol{r}=\boldsymbol{r}(u,v)$　　$\dfrac{\partial \boldsymbol{r}}{\partial u}\times\dfrac{\partial \boldsymbol{r}}{\partial v}\neq \boldsymbol{o}$ のとき　$\boldsymbol{n}=\pm\left(\dfrac{\partial \boldsymbol{r}}{\partial u}\times\dfrac{\partial \boldsymbol{r}}{\partial v}\right)\Big/\left|\dfrac{\partial \boldsymbol{r}}{\partial u}\times\dfrac{\partial \boldsymbol{r}}{\partial v}\right|$

(2) 曲面 $z=g(x,y)$　　$\boldsymbol{n}=\pm\dfrac{1}{\sqrt{g_x^2+g_y^2+1}}(-g_x,-g_y,1)$

(3) 曲面 $f(x,y,z)=C$ (C は定数)

　$\nabla f\neq 0$ のとき　$\boldsymbol{n}=\pm\dfrac{1}{|\nabla f|}\nabla f$

例題 4.18　曲面 $\boldsymbol{r}(u,v)=(u+v,u-v,uv)$ の単位法線ベクトル $\boldsymbol{n}$ を求めよ．

「解」　$\boldsymbol{r}_u=(1,1,v)$　，$\boldsymbol{r}_v=(1,-1,u)$　より

$$\boldsymbol{r}_u\times\boldsymbol{r}_v=(u+v\,,\,v-u\,,\,-2)\quad,\qquad|\boldsymbol{r}_u\times\boldsymbol{r}_v|=\sqrt{2(u^2+v^2+2)}$$

$$\boldsymbol{n}=\pm\frac{\boldsymbol{r}_u\times\boldsymbol{r}_v}{|\boldsymbol{r}_u\times\boldsymbol{r}_v|}=\pm\frac{1}{\sqrt{2(u^2+v^2+2)}}(u+v\,,\,v-u\,,\,-2)$$

【問題 4.30】　次の曲面の単位法線ベクトルを求めよ．

(1) 曲面 $\boldsymbol{r}(u,v)=(u,v,\dfrac{1}{2}(u^2+v^2))$　　　(2) 曲面 $z=\dfrac{1}{2}(x^2+y^2)$

(3) 球面 $x^2+y^2+z^2=R^2$（R は正定数）

4.10　面積分，体積分

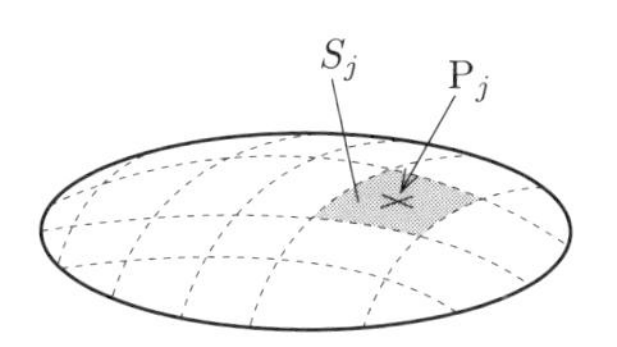

【スカラー場の面積分】

M を閉曲線に囲まれたなめらかな曲面とし，
スカラー場 $f(x,y,z)$ は M で連続とする．
次に，曲面 M を分割した曲面を $\{S_j\}$ とし，各 S_j 上に点 P_j をとる．
また，ΔS_j を S_j の面積とする．このとき，

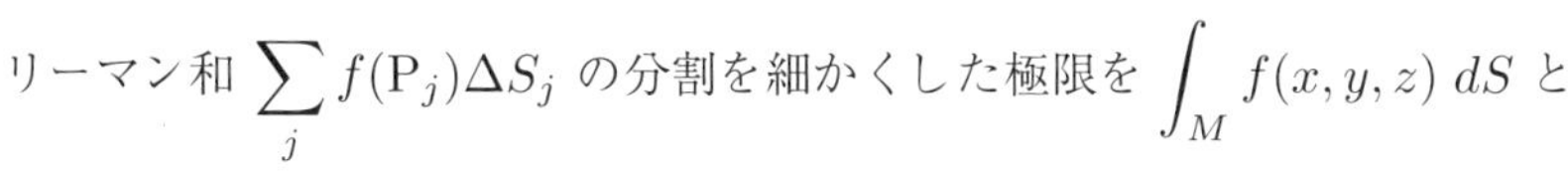
リーマン和 $\displaystyle\sum_j f(\mathrm{P}_j)\Delta S_j$ の分割を細かくした極限を $\displaystyle\int_M f(x,y,z)\,dS$ と

表し，曲面 M 上の **面積分** という．

【定理 4.19】　曲面 M : $\boldsymbol{r}=\boldsymbol{r}(u,v)$, $(u,v)\in D$ に対して

$$\int_M f(x,y,z)\,dS=\iint_D f(\boldsymbol{r}(u,v))\left|\frac{\partial\boldsymbol{r}}{\partial u}\times\frac{\partial\boldsymbol{r}}{\partial v}\right|dudv$$

・　曲面 M : $z=g(x,y)$, $(x,y)\in D$ のとき，$\boldsymbol{r}=(u,v,g(u,v))$ と考えて

$$\int_M f(x,y,z)\,dS=\iint_D f(x,y,g(x,y))\sqrt{g_x^2+g_y^2+1}\,dxdy$$

・　dS を **面素** という．曲面 $\boldsymbol{r}=\boldsymbol{r}(u,v)$ のとき $dS=\left|\dfrac{\partial\boldsymbol{r}}{\partial u}\times\dfrac{\partial\boldsymbol{r}}{\partial v}\right|dudv$.

例題 4.19　曲面 M : $\boldsymbol{r}=(\sin u\cos v,\ \sin u\sin v,\ \cos u)$, $0\leqq u\leqq\dfrac{\pi}{2}, 0\leqq v\leqq 2\pi$ について，$\displaystyle\int_M z\,dS$ を計算せよ．

「解」　$\boldsymbol{r}_u=(\cos u\cos v,\ \cos u\sin v,\ -\sin u)$, $\boldsymbol{r}_v=(-\sin u\sin v,\ \sin u\cos v,\ 0)$

$\boldsymbol{r}_u\times\boldsymbol{r}_v=(\sin^2 u\cos v,\ \sin^2 u\sin v,\ \sin u\cos u)$

$|\boldsymbol{r}_u\times\boldsymbol{r}_v|=\sin u$

$$\begin{aligned}\int_M z\,dS &=\iint_D \cos u\sin u\,dudv \qquad (D: 0\leqq u\leqq\pi/2,\ 0\leqq v\leqq 2\pi)\\ &=\int_0^{2\pi}\left\{\int_0^{\pi/2}\cos u\sin u\,du\right\}dv=2\pi\cdot\frac{1}{2}\left[\sin^2 u\right]_0^{\pi/2}=\pi\end{aligned}$$

【問題 4.31】　次の面積分を計算せよ．

(1) $\displaystyle\int_M y\,dS$, M : $\boldsymbol{r}=(u,\ -2v,\ v-u)$, $0\leqq v\leqq 1-u,\ 0\leqq u\leqq 1$

(2) $\displaystyle\int_M x\,dS$, M : $\boldsymbol{r}=(2u,1-v,3u+v)$, $u^2+v^2\leqq 1$, $u\geqq 0, v\geqq 0$

(3) $\displaystyle\int_M yz\,dS$, M : $\boldsymbol{r}=(\cos u,\ v,\ \sin u)$, $\pi/4\leqq u\leqq 3\pi/4,\ 0\leqq v\leqq\pi$

(4) $\displaystyle\int_M z\,dS$, M : $\boldsymbol{r}=(\sin u\cos v,\sin u\sin v,\cos u)$, $0\leqq u\leqq\dfrac{\pi}{4}, 0\leqq v\leqq 2\pi$

（補）　$\displaystyle\int_M 1\,dS$ ＝「曲面 M の面積」

【ベクトル場の面積分】

M を閉曲線に囲まれたなめらかな曲面とし，単位法線ベクトル $\boldsymbol{n}$ の向きは，曲面 M の裏面から表面の方に向かう向きとする．
また，ベクトル場 $\boldsymbol{F}(x,y,z)=(f_1(x,y,z),\, f_2(x,y,z),\, f_3(x,y,z))$ は M で連続とする．このとき，$\displaystyle\int_M \boldsymbol{F}\cdot\boldsymbol{n}\,dS$ を法線面積分という．

$$\int_M \boldsymbol{F}\cdot\boldsymbol{n}\,dS \quad \cdots \text{法線面積分}$$

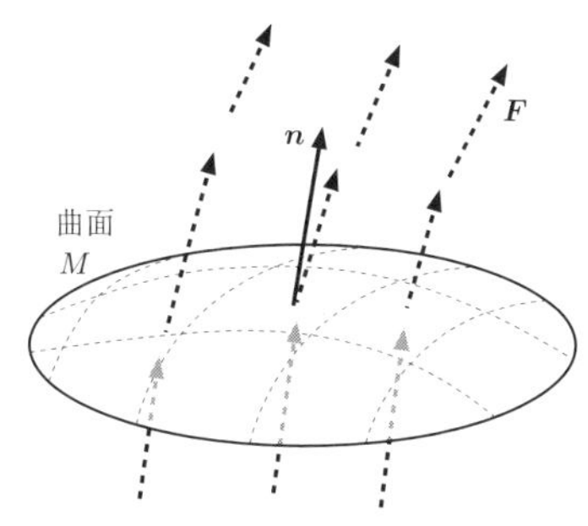

＊　流体の速度 $\boldsymbol{v}$ の法線面積分は単位時間にその曲面 M を通過する総流量．物理学では **流束** といい，ベクトル場により，電束，磁束などともいう．

・　$\boldsymbol{n}\,dS=d\boldsymbol{S}$ とし，$\displaystyle\int_M \boldsymbol{F}\cdot\boldsymbol{n}\,dS=\int_M \boldsymbol{F}\cdot d\boldsymbol{S}$　とも表す．

・　曲面 M : $\boldsymbol{r}=\boldsymbol{r}(u,v)$ について，$\boldsymbol{n}\,dS=\pm\left(\dfrac{\partial\boldsymbol{r}}{\partial u}\times\dfrac{\partial\boldsymbol{r}}{\partial v}\right)dudv$

符号は $\boldsymbol{n}$ に対応．向きが逆のとき $\displaystyle\int_M \boldsymbol{F}\cdot\boldsymbol{n}\,dS$ の値は符号のみ変化．

【定理 4.20】　曲面 M : $\boldsymbol{r}=\boldsymbol{r}(u,v)$，$(u,v)\in D$ に対して

$\boldsymbol{n}=\pm\left(\dfrac{\partial\boldsymbol{r}}{\partial u}\times\dfrac{\partial\boldsymbol{r}}{\partial v}\right)\Big/\left|\dfrac{\partial\boldsymbol{r}}{\partial u}\times\dfrac{\partial\boldsymbol{r}}{\partial v}\right|$ のとき

$$\int_M \boldsymbol{F}\cdot\boldsymbol{n}\,dS=\pm\iint_D \boldsymbol{F}(\boldsymbol{r}(u,v))\cdot\left(\frac{\partial\boldsymbol{r}}{\partial u}\times\frac{\partial\boldsymbol{r}}{\partial v}\right)dudv$$

符号は複号同順で，$\boldsymbol{n}$ の符号に対応．

・　M : $z=g(x,y)$，$(x,y)\in D$，$\boldsymbol{n}=\pm\dfrac{1}{\sqrt{g_x^2+g_y^2+1}}(-g_x,\,-g_y,\,1)$ のとき

$$\int_M \boldsymbol{F}\cdot\boldsymbol{n}\,dS=\pm\iint_D \boldsymbol{F}\cdot(-g_x,\,-g_y,\,1)\,dxdy \quad (\text{符号は } \boldsymbol{n} \text{ の符号})$$

例題 4.20　ベクトル関数 $\boldsymbol{F} = (y,\ 0,\ z^2)$,
曲面 $M: \boldsymbol{r} = (\sin u \cos v,\ \sin u \sin v,\ \cos u)$, $D: 0 \leqq u \leqq \pi/2, 0 \leqq v \leqq 2\pi$
について, $\displaystyle\int_M \boldsymbol{F} \cdot \boldsymbol{n}\, dS$ を計算せよ．ただし，単位法線ベクトル $\boldsymbol{n}$ は z 成分が非負となる向きとする．

「解」　$\boldsymbol{r}_u = (\cos u \cos v,\ \cos u \sin v,\ -\sin u)$, $\boldsymbol{r}_v = (-\sin u \sin v,\ \sin u \cos v,\ 0)$
$\boldsymbol{r}_u \times \boldsymbol{r}_v = (\sin^2 u \cos v,\ \sin^2 u \sin v,\ \sin u \cos u)$
$\sin u \cos u \geqq 0$ より $\boldsymbol{r}_u \times \boldsymbol{r}_v$ の向きである．
$\boldsymbol{F}(\boldsymbol{r}(u,v)) = (\sin u \sin v,\ 0,\ \cos^2 u)$ より
$\boldsymbol{F}(\boldsymbol{r}(u,v)) \cdot (\boldsymbol{r}_u \times \boldsymbol{r}_v) = \sin^3 u \sin v \cos v + \sin u \cos^3 u$

$$\begin{aligned}
\int_M \boldsymbol{F} \cdot \boldsymbol{n}\, dS &= \iint_D (\sin^3 u \sin v \cos v + \sin u \cos^3 u)\, du dv \\
&= \int_0^{\pi/2} \left\{ \int_0^{2\pi} (\sin^3 u \sin v \cos v + \sin u \cos^3 u)\, dv \right\} du \\
&= \int_0^{\pi/2} \left\{ \sin^3 u \left[\frac{1}{2} \sin^2 v \right]_0^{2\pi} + 2\pi \sin u \cos^3 u \right\} du \\
&= 2\pi \left[-\frac{1}{4} \cos^4 u \right]_0^{\pi/2} = \frac{\pi}{2}
\end{aligned}$$

【問題 4.32】　次の場合に法線面積分 $\displaystyle\int_M \boldsymbol{F} \cdot \boldsymbol{n}\, dS$ を計算せよ．
単位法線ベクトル $\boldsymbol{n}$ は z 成分が非負となる向きとする．

(1) $\boldsymbol{F} = (0,\ 0,\ z)$,　曲面 $M: \boldsymbol{r} = (\sin u \cos v,\ \sin u \sin v,\ \cos u)$,
$D: 0 \leqq u \leqq \pi/2,\ 0 \leqq v \leqq \pi/2$

(2) $\boldsymbol{F} = (x,\ y+z,\ -z)$,
曲面 $M: \boldsymbol{r} = (\cos u, v, \sin u)$, $D: 0 \leqq u \leqq \pi/4,\ 0 \leqq v \leqq 2$

(3) $\boldsymbol{F} = (y,\ 2z,\ 0)$,
平面 $M: \boldsymbol{r} = (u, v, 1-u-v)$, $D: 0 \leqq v \leqq 1-u$, $0 \leqq u \leqq 1$

(4) $\boldsymbol{F} = (x+y,\ y+1,\ 3z)$, 曲面 $M: \boldsymbol{r} = (u, v, u^2+v^2)$, $D: u^2+v^2 \leqq 1$

(5) $\boldsymbol{F} = (2x,\ y,\ z)$,
曲面 $M: \boldsymbol{r} = (\sin u \cos v, \sin u \sin v, \cos u)$, $D: 0 \leqq u \leqq \pi/2, 0 \leqq v \leqq 2\pi$

(6) $\boldsymbol{F} = (y,\ z,\ -2x)$,
曲面 $M: \boldsymbol{r} = (\cos u,\ v,\ \sin u)$, $D: 0 \leqq u \leqq \pi/2, 0 \leqq v \leqq 1$

(7) $\boldsymbol{F} = (xy,\ -z,\ z)$,
平面 $M: z = 6-3x-y$, $D: 0 \leqq y \leqq 6-3x,\ 0 \leqq x \leqq 2$

【問題 4.33】　流体の密度 $\rho=1$，流体の速度 $\boldsymbol{v}=(1,2,3)$ のとき，単位時間に xy 平面上の単位円板 $S: x^2+y^2 \leqq 1$ を通る質量流量 Φ は　$\Phi=\int_S \rho \boldsymbol{v}\cdot\boldsymbol{n}\,dS$　である．ただし，$\boldsymbol{n}$ の z 成分は正とする．Φ の値を求めよ．

【問題 4.34】　単位球面 M ： $x^2+y^2+z^2=1$ について，$\boldsymbol{n}$ を外向き単位法線ベクトル（単位外法線ベクトル），$\boldsymbol{r}=(x,y,z)$, $r=|\boldsymbol{r}|$ とする．

(1) M 上で $\boldsymbol{n}=\boldsymbol{r}$　を示せ．　　(2) $\displaystyle\int_M \frac{\boldsymbol{r}}{r^3}\cdot\boldsymbol{n}\,dS=4\pi$　を示せ．

【体積分】　3 次元空間領域 Ω でのスカラー場，ベクトル場の積分を **体積分** という．スカラー場では通常の 3 重積分，ベクトル場では成分ごとの 3 重積分．例えば，スカラー場 $f(x,y,z)$ と空間領域 Ω に対し，

$$\int_\Omega f(x,y,z)\,dV=\iiint_\Omega f(x,y,z)\,dxdydz$$

・　dV を **体素** という．$dV=dx\,dy\,dz$

・スカラー場，縦線型領域の場合　Ω ： $\varphi(x,y)\leqq z\leqq\psi(x,y)$, $(x,y)\in A$

$$\int_\Omega f(x,y,z)\,dV=\iint_A\left(\int_{\varphi(x,y)}^{\psi(x,y)} f(x,y,z)\,dz\right)dxdy$$

・スカラー場，3 次元極座標変換の場合（領域対応：$\Omega\longleftrightarrow\widetilde{\Omega}$）

$$\int_\Omega f(x,y,z)\,dV=\iiint_{\widetilde{\Omega}} f(r\sin\theta\cos\varphi, r\sin\theta\sin\varphi, r\cos\theta)\,r^2\sin\theta\,drd\theta d\varphi$$

【問題 4.35】　次の 3 重積分の値を求めよ．

(1) $\displaystyle\iiint_\Omega (x+z)\,dxdydz$　　Ω ： $0\leqq z\leqq 1,\ 0\leqq y\leqq 2,\ -1\leqq x\leqq 1$

(2) $\displaystyle\iiint_\Omega z\,dxdydz$　　Ω ： $0\leqq z\leqq xy,\ 0\leqq y\leqq x,\ 0\leqq x\leqq 1$

(3) $\displaystyle\iiint_\Omega (x^2+y^2+z^2)\,dxdydz$　　Ω ： $x^2+y^2+z^2\leqq 1$

(4) $\displaystyle\iiint_\Omega x\,dxdydz$　　Ω ： $x^2+y^2+z^2\leqq 1,\ x\geqq 0,\ y\geqq 0,\ z\geqq 0$

（補）　$\displaystyle\int_\Omega 1\,dV$　=「 Ω の体積」

4.11　Gauss，Green，Stokes の定理

～　体積分，面積分，線積分の積分定理

曲面，曲線は区分的になめらか，ベクトル場，スカラー場もなめらかとする．

- 有界領域（3次元）　半径を大きくすれば球面で囲める領域．
  ex.　球，楕円体，直方体領域
- 閉曲面　　3次元有界領域の境界になっている曲面．
  ex.　球面，楕円面
- 単位外法線ベクトル　　閉曲面で，向きが外向きの単位法線ベクトル
- 有界領域（2次元）　半径を大きくすれば円で囲める領域．
  ex.　円板領域，楕円領域，長方形領域
- 閉曲線　　始点と終点が一致している曲線．　ex.　円，楕円

【定理 4.21】 [ガウス（**Gauss**）の発散定理]

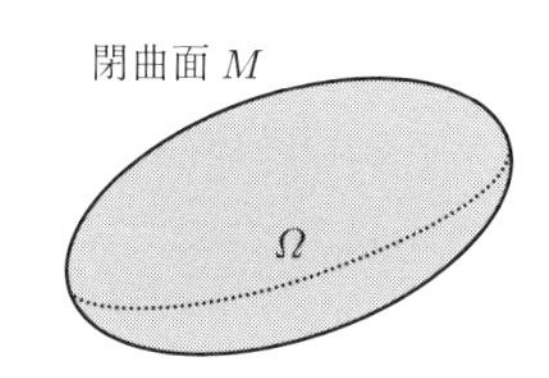

M を閉曲面，
Ω を M で囲まれた有界領域，
$\boldsymbol{n}$ を M 上の単位外法線ベクトルとする．
ベクトル場 $\boldsymbol{F}$ に対して，次式が成り立つ．

$$\int_\Omega \operatorname{div} \boldsymbol{F}\, dV = \int_M \boldsymbol{F}\cdot\boldsymbol{n}\, dS \quad , \quad \int_\Omega \nabla\cdot\boldsymbol{F}\, dV = \int_M \boldsymbol{F}\cdot\boldsymbol{n}\, dS$$

[Ω からの流出量]=[曲面 M の通過量]

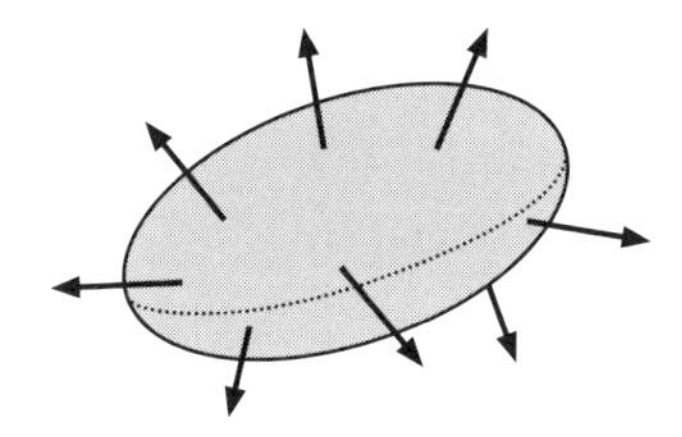

【ガウスの発散定理の系】　ガウスの発散定理の設定で次式が成り立つ．

$$\int_\Omega \Delta f\, dV = \int_M \frac{\partial f}{\partial \boldsymbol{n}}\, dS$$

$$\int_\Omega \nabla f\, dV = \int_M \boldsymbol{n} f\, dS$$

$$\int_\Omega \nabla\times\boldsymbol{F}\, dV = \int_M \boldsymbol{n}\times\boldsymbol{F}\, dS$$

例題 4.21 M を閉曲面，M で囲まれた有界領域を Ω とし，M 上の単位外法線ベクトルを $\boldsymbol{n}$ とする．このとき，ベクトル場 $\boldsymbol{F}$ に対して，次の式を示せ：

$$\int_M \mathrm{rot}\,\boldsymbol{F}\cdot\boldsymbol{n}\,dS = 0$$

「解」 ガウスの発散定理より

$$\int_M \mathrm{rot}\,\boldsymbol{F}\cdot\boldsymbol{n}\,dS = \int_\Omega \mathrm{div}(\mathrm{rot}\,\boldsymbol{F})\,dV = \int_\Omega 0\,dV = 0$$

【問題 4.36】 M を閉曲面，M で囲まれた有界領域を Ω とし，M 上の単位外法線ベクトルを $\boldsymbol{n}$ とする．ベクトル場 $\boldsymbol{F}$ に対して $\displaystyle\int_M \mathrm{rot}\,(\mathrm{rot}\,\boldsymbol{F})\cdot\boldsymbol{n}\,dS = 0$ を示せ．

【問題 4.37】 単位球面 M ： $x^2+y^2+z^2=1$ について，$\boldsymbol{n}$ を単位外法線ベクトルとする．$\boldsymbol{F}=(0,0,z)$ に対し，$\displaystyle\int_M \boldsymbol{F}\cdot\boldsymbol{n}\,dS$ をガウスの発散定理を利用して計算せよ．

【問題 4.38】 次の問いに答えよ．

(1) 単位球面 M ： $x^2+y^2+z^2=1$ について，$\boldsymbol{n}$ を単位外法線ベクトルとする．$\boldsymbol{F}=(x,3y,2z)$ に対し，$\displaystyle\int_M \boldsymbol{F}\cdot\boldsymbol{n}\,dS$ をガウスの発散定理を利用して計算せよ．

(2) 領域 Ω：$0 \leqq x \leqq 1,\ 0 \leqq y \leqq 1,\ 0 \leqq z \leqq 1$，$\Omega$ の境界を S とする．$\boldsymbol{F}=(x^2,y^2,5)$ に対し，$\displaystyle\int_S \boldsymbol{F}\cdot\boldsymbol{n}\,dS$ の値をガウスの発散定理を用いて求めよ．

【問題 4.39】 閉曲面 M で囲まれた有界領域を Ω とし，M 上の単位外法線ベクトルを $\boldsymbol{n}$ とする．また，$\boldsymbol{r}=(x,y,z)$，$r=|\boldsymbol{r}|$ とする．積分定理を使って次式を示せ．

(1) $\displaystyle\int_M \boldsymbol{r}\cdot\boldsymbol{n}\,dS = 3\,\mathrm{Vol}(\Omega)$ ， ここで $\displaystyle\mathrm{Vol}(\Omega)=\int_\Omega 1\,dV$ （Ω の体積）

(2) $\displaystyle\int_M \boldsymbol{n}\,dS = \boldsymbol{o}$ (3) $\displaystyle\int_M \boldsymbol{r}\times\boldsymbol{n}\,dS = \boldsymbol{o}$

【問題 4.40】 閉曲面 M で囲まれた有界領域を Ω とし，M 上の単位外法線ベクトルを $\boldsymbol{n}$ とする．また，$\boldsymbol{r}=(x,y,z)$，$r=|\boldsymbol{r}|$ とする．積分定理を使って次式を示せ．

(1) ベクトル場 $\boldsymbol{F}$ が M 上で $\boldsymbol{n}$ と平行ならば $\displaystyle\int_\Omega \nabla\times\boldsymbol{F}\,dV = \boldsymbol{o}$

(2) $\displaystyle\int_\Omega \boldsymbol{r}\,dV = \frac{1}{2}\int_S r^2\boldsymbol{n}\,dS$

【問題 4.41】 M を閉曲面，M で囲まれた有界領域を Ω とし，M 上の単位外法線ベクトルを $\boldsymbol{n}$ とする．スカラー場 f に対して次式を示せ：$\displaystyle\int_M \boldsymbol{n} \times (\nabla f)\, dS = \boldsymbol{o}$

【定理 4.22】 [グリーン（**Green**）の定理]

M を閉曲面，Ω を M で囲まれた有界領域，$\boldsymbol{n}$ を M 上の単位外法線ベクトルとする．スカラー場 $f(x,y,z), g(x,y,z)$ に対して次式が成り立つ．

(i) $\displaystyle\int_\Omega (g\Delta f + \nabla g \cdot \nabla f)\, dV = \int_M g\, \frac{\partial f}{\partial \boldsymbol{n}}\, dS$

(ii) $\displaystyle\int_\Omega (f\Delta g - g\Delta f)\, dV = \int_M \left(f\frac{\partial g}{\partial \boldsymbol{n}} - g\frac{\partial f}{\partial \boldsymbol{n}} \right) dS$

【グリーンの定理の系】　グリーンの定理の設定の下で次式が成り立つ．

(1) $\displaystyle\int_\Omega \Delta f\, dV = \int_M \frac{\partial f}{\partial \boldsymbol{n}}\, dS$

(2) $\displaystyle\int_\Omega (f\Delta f + |\nabla f|^2)\, dV = \int_M f\frac{\partial f}{\partial \boldsymbol{n}}\, dS$

(3) f が調和関数（$\Delta f = 0$）のとき　$\displaystyle\int_\Omega |\nabla f|^2\, dV = \int_M f\frac{\partial f}{\partial \boldsymbol{n}}\, dS$

(4) f, g が調和関数のとき　$\displaystyle\int_M \left(f\frac{\partial g}{\partial \boldsymbol{n}} - g\frac{\partial f}{\partial \boldsymbol{n}} \right) dS = 0$

【問題 4.42】 グリーンの定理を使って，系 (1)〜(4) を示せ．

【問題 4.43】 ガウスの発散定理を使ってグリーンの定理 (i) を示せ．

【問題 4.44】 調和関数 f が M で $f=0$ のとき，Ω で $f=0$ であることを示せ．

【グリーン（Green）の定理　〜2次元】

C を $\boldsymbol{R}^2$ 上の閉曲線（C の向きは領域に対して反時計回り），
D を C に囲まれた有界領域とする．スカラー関数 $f(x,y), g(x,y)$ に対して

$$\int_C (f\, dx + g\, dy) = \iint_D (-f_y + g_x)\, dxdy$$

・　2次元のグリーンの定理は後述のストークスの定理に含まれる．

【グリーンの定理（2次元）の系】 グリーンの定理（2次元）の設定で $g_x = f_y$ のとき

$$\int_C (f\,dx + g\,dy) = 0$$

【問題 4.45】 グリーンの定理 (2次元) の系を示せ．

【問題 4.46】 (0,1) を始点とし，(2,3) を終点とする2つの曲線を C_1, C_2 とし，始点，終点以外で交わらないとする．このとき

$$\int_{C_1} \{(x+y^2)\,dx + 2xy\,dy\} = \int_{C_2} \{(x+y^2)\,dx + 2xy\,dy\}$$

を示し，線積分の値を求めよ．（曲線の選び方に無関係に線積分の値が定まる．）

【定理 4.23】 [ストークス（**Stokes**）の定理]

閉曲線 C に囲まれたなめらかな曲面を M とし，C の向きは表を上にしたとき反時計回りとする．このとき，ベクトル場 $\boldsymbol{F}$ について次式が成り立つ：

$$\int_M (\mathrm{rot}\boldsymbol{F}) \cdot \boldsymbol{n}\,dS = \int_C \boldsymbol{F} \cdot d\boldsymbol{r}$$

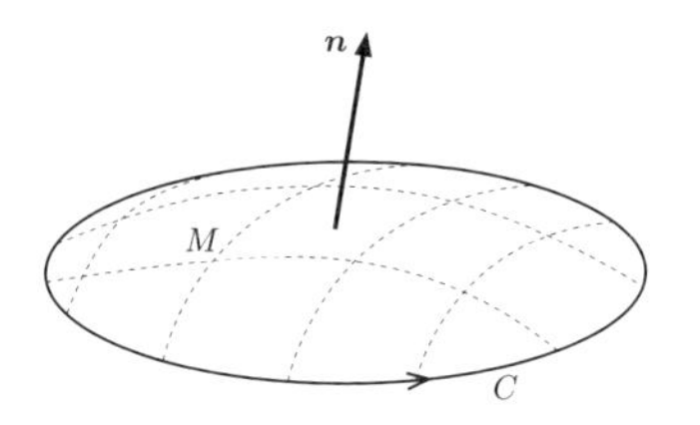

$\boldsymbol{n}$ の向きの定め方

【定理 4.24】 [ストークスの定理の逆] なめらかなベクトル場 $\boldsymbol{F}, \boldsymbol{G}$ が任意の閉曲線 C と C を境界とする任意の曲面 M に対して

$$\int_M \boldsymbol{G} \cdot \boldsymbol{n}\,dS = \int_C \boldsymbol{F} \cdot d\boldsymbol{r}$$

であるとき，$\boldsymbol{G} = \mathrm{rot}\ \boldsymbol{F}$ が成り立つ．

【問題 4.47】 上半単位球面 M： $x^2 + y^2 + z^2 = 1$, $z \geqq 0$ について，法線ベクトル $\boldsymbol{n}$ は z 座標が非負となる向きとする．また，その境界は C： $x^2 + y^2 = 1$ である．次の $\boldsymbol{F}$ に対して，$\displaystyle\int_M (\mathrm{rot}\ \boldsymbol{F}) \cdot \boldsymbol{n}\,dS$ をストークスの定理を用いて線積分で計算せよ．

(1) $\boldsymbol{F} = (y,\ z,\ x)$ (2) $\boldsymbol{F} = (-2y,\ 3x,\ x^3z^2)$ (3) $\boldsymbol{F} = (xz,\ 2y+z,\ xy)$

【問題 4.48】 t を時間変数とし，ベクトル場 $\boldsymbol{E}, \boldsymbol{B}$ が $\mathrm{rot}\,\boldsymbol{E} + \dfrac{\partial \boldsymbol{B}}{\partial t} = \boldsymbol{o}$ を満たすとき，ストークスの定理の設定で $\displaystyle\int_C \boldsymbol{E} \cdot d\boldsymbol{r} = -\frac{d}{dt}\int_M \boldsymbol{B} \cdot \boldsymbol{n}\,dS$ を示せ．

【問題 4.49】　$\boldsymbol{r}=(x,y,z)$，$r=|\boldsymbol{r}|$，C は閉曲線，M は C を境界とする曲面とする．このとき，ストークスの定理を用いて次式を示せ．

(1)　$\displaystyle\int_C \boldsymbol{r}\cdot d\boldsymbol{r}=0$　　　(2)　$\displaystyle\int_C \nabla r\cdot d\boldsymbol{r}=0$

【問題 4.50】　$\boldsymbol{r}=(x,y,z)$，$r=|\boldsymbol{r}|$，C は閉曲線，M は C を境界とする曲面とする．このとき，ストークスの定理を用いて　$\displaystyle\int_C d\boldsymbol{r}=\boldsymbol{o}$　を示せ．

【問題 4.51】　閉曲線 C：$x^2+y^2=1$（xy 平面上で反時計周りの向きを正とする）と $\boldsymbol{F}=(y,0,z)$ について接線線積分 $\displaystyle\int_C \boldsymbol{F}\cdot d\boldsymbol{r}$ の値を，ストークスの定理を用いて面積分に変形して計算せよ．

【問題 4.52】　閉曲線 C：$x^2+y^2=1$（xy 平面上で反時計周りの向きを正とする）と $\boldsymbol{F}=(z,x,4y)$ について接線線積分 $\displaystyle\int_C \boldsymbol{F}\cdot d\boldsymbol{r}$ の値を，ストークスの定理を用いて面積分に変形して計算せよ．

【章末補足 1】（grad, div, rot その他の公式）

$$\mathrm{grad}(\boldsymbol{F}\cdot\boldsymbol{G})=(\boldsymbol{F}\cdot\nabla)\boldsymbol{G}+(\boldsymbol{G}\cdot\nabla)\boldsymbol{F}+\boldsymbol{F}\times\mathrm{rot}\,\boldsymbol{G}+\boldsymbol{G}\times\mathrm{rot}\,\boldsymbol{F}$$

$$\nabla(\boldsymbol{F}\cdot\boldsymbol{G})=(\boldsymbol{F}\cdot\nabla)\boldsymbol{G}+(\boldsymbol{G}\cdot\nabla)\boldsymbol{F}+\boldsymbol{F}\times(\nabla\times\boldsymbol{G})+\boldsymbol{G}\times(\nabla\times\boldsymbol{F})$$

$$\mathrm{div}(\boldsymbol{F}\times\boldsymbol{G})=\boldsymbol{G}\cdot\mathrm{rot}\,\boldsymbol{F}-\boldsymbol{F}\cdot\mathrm{rot}\,\boldsymbol{G}$$

$$\nabla\cdot(\boldsymbol{F}\times\boldsymbol{G})=\boldsymbol{G}\cdot(\nabla\times\boldsymbol{F})-\boldsymbol{F}\cdot(\nabla\times\boldsymbol{G})$$

$$\mathrm{rot}(\boldsymbol{F}\times\boldsymbol{G})=(\boldsymbol{G}\cdot\nabla)\boldsymbol{F}-(\boldsymbol{F}\cdot\nabla)\boldsymbol{G}+\boldsymbol{F}\,\mathrm{div}\,\boldsymbol{G}-\boldsymbol{G}\,\mathrm{div}\,\boldsymbol{F}$$

$$\nabla\times(\boldsymbol{F}\times\boldsymbol{G})=(\boldsymbol{G}\cdot\nabla)\boldsymbol{F}-(\boldsymbol{F}\cdot\nabla)\boldsymbol{G}+\boldsymbol{F}(\nabla\cdot\boldsymbol{G})-\boldsymbol{G}(\nabla\cdot\boldsymbol{F})$$

【章末補足 2】　$\boldsymbol{F}=(f_1,\,f_2,\,f_3)$　とするとき

$$\Delta\boldsymbol{F}=(\Delta f_1,\,\Delta f_2,\,\Delta f_3)\,,\qquad(\boldsymbol{F}\cdot\nabla)=f_1\frac{\partial}{\partial x}+f_2\frac{\partial}{\partial y}+f_3\frac{\partial}{\partial z}\,,$$

$$(\boldsymbol{F}\cdot\nabla)\boldsymbol{G}=f_1\frac{\partial\boldsymbol{G}}{\partial x}+f_2\frac{\partial\boldsymbol{G}}{\partial y}+f_3\frac{\partial\boldsymbol{G}}{\partial z}$$

$$\mathrm{grad}\;\boldsymbol{F}=\nabla\boldsymbol{F}=\begin{bmatrix}\dfrac{\partial f_1}{\partial x}&\dfrac{\partial f_1}{\partial y}&\dfrac{\partial f_1}{\partial z}\\[2mm]\dfrac{\partial f_2}{\partial x}&\dfrac{\partial f_2}{\partial y}&\dfrac{\partial f_2}{\partial z}\\[2mm]\dfrac{\partial f_3}{\partial x}&\dfrac{\partial f_3}{\partial y}&\dfrac{\partial f_3}{\partial z}\end{bmatrix}\qquad\cdots\cdot\ \text{ベクトル場の勾配}$$

第 5 章

級数とフーリエ解析

5.1　定数項級数

数列 $\{a_n\}$ $(n = 1, 2, 3, ...)$ に対し，

$$\sum_{n=1}^{\infty} a_n = a_1 + a_2 + \cdots + a_n + \cdots$$ を **級数**，

$$S_N = \sum_{n=1}^{N} a_n = a_1 + a_2 + \cdots + a_N$$ を **第 $\boldsymbol{N}$ 部分和** という．

$\lim_{N\to\infty} \sum_{n=1}^{N} a_n$ の値が存在するとき，その値を級数の和といい，級数 $\sum_{n=1}^{\infty} a_n$ は収束するという．また，収束しないとき発散するという．なお，数列は $n = 0, 1, 2, ...$ の場合もしばしば扱う．

$$\sum_{n=1}^{\infty} a_n = \lim_{N\to\infty} \sum_{n=1}^{N} a_n \quad \cdots \text{級数の和}$$

ex.　$$\sum_{n=1}^{\infty} r^{n-1} = 1 + r + r^2 + \cdots + r^{n-1} + \cdots = \begin{cases} \dfrac{1}{1-r} & (|r| < 1) \\ \text{発散} & (|r| \geqq 1) \end{cases}$$

【級数の基本性質】　$\left(\sum a_n = A,\ \sum b_n = B \text{ とする}\right)$

(1)　$\sum(ka_n \pm \ell b_n) = kA \pm \ell B$　(k, ℓ は定数，複号同順)

(2)　$a_n \leqq b_n$ $(n = 1, 2, 3, ...)$ $\Longrightarrow$ $A \leqq B$

(3)　級数 $\sum a_n$ が収束する　$\Longrightarrow$　$\lim_{n\to\infty} a_n = 0$

(4)　有限項を除いても加えても，級数の収束／発散には影響しない．

例題 5.1　次の級数の和を求めよ．　(1) $\displaystyle\sum_{n=0}^{\infty} 4^{-n}$　　(2) $\displaystyle\sum_{n=1}^{\infty} \frac{1}{n(n+1)}$

「解」(1)　$$\sum_{n=0}^{\infty} 4^{-n} = \frac{1}{1-(1/4)} = \frac{4}{3}$$

(2)　$$S_N = \sum_{n=1}^{N} \frac{1}{n(n+1)} = \sum_{n=1}^{N} \left(\frac{1}{n} - \frac{1}{n+1}\right) = 1 - \frac{1}{N+1}$$

$$\sum_{n=1}^{\infty} \frac{1}{n(n+1)} = \lim_{N\to\infty} \left(1 - \frac{1}{N+1}\right) = 1$$

【問題 5.1】　次の級数が収束すれば，級数の和を求めよ．

(1) $\displaystyle\sum_{n=1}^{\infty} \frac{2}{3^n}$　　(2) $\displaystyle\sum_{n=1}^{\infty} e^{-n}$　　(3) $\displaystyle\sum_{n=2}^{\infty} \frac{1}{n^2-1}$

(4) $\displaystyle\sum_{n=2}^{\infty} \frac{1}{\sqrt{n}+\sqrt{n-1}}$　　(5) $\displaystyle\sum_{n=1}^{\infty} \frac{n}{(n+1)!}$

【問題 5.2】　級数の和の定義から次式を示せ：　$\displaystyle\sum_{n=1}^{\infty} nr^{n-1} = \frac{1}{(1-r)^2}$　$(|r| < 1)$

【正項級数】　すべての n について $a_n \geqq 0$ となる級数 $\sum a_n$ を **正項級数** という．実際には $a_n > 0$ でよい．

- 正項級数は「収束する」か「∞ に発散する」かどちらか．
- 正項級数は無限回の順序交換を行っても値や収束性に影響は無い．

【代表的な収束判定法（正項級数）】

[1]　比較判定法

- $\sum b_n$ は収束，　$a_n \leqq kb_n$（k は正の定数）　$\Longrightarrow$　$\sum a_n$ は収束
- $\sum b_n = \infty$，　$a_n \geqq kb_n$（k は正の定数）　$\Longrightarrow$　$\sum a_n = \infty$

[2]　積分判定法（オイラー − マクローリンの判定法）

$f(x)$ が単調減少かつ連続（$x \geqq 1$）のとき

$$\int_1^{\infty} f(x)\,dx \text{ が収束} \iff \sum f(n) \text{ が収束}$$

[3]　ダランベール（d'Alembert）の判定法

$$\lim_{n\to\infty}\frac{a_{n+1}}{a_n}=r\quad \text{が存在するとき}$$

$$0\leqq r<1\Longrightarrow\quad \sum a_n \text{ は収束,}\qquad r>1\Longrightarrow\quad \sum a_n=\infty$$

[4]　コーシー－アダマール（Cauchy-Hadamard）の判定法

$$\lim_{n\to\infty}\sqrt[n]{a_n}=r\quad \text{が存在するとき}$$

$$0\leqq r<1\Longrightarrow\quad \sum a_n \text{ は収束,}\qquad r>1\Longrightarrow\quad \sum a_n=\infty$$

例題 5.2　次の正項級数の収束／発散を調べよ．

(1) $\displaystyle\sum_{n=0}^{\infty}\frac{2+(-1)^n}{2^n}$　　(2) $\displaystyle\sum_{n=1}^{\infty}\frac{1}{n}$　　(3) $\displaystyle\sum_{n=1}^{\infty}\frac{3^n}{n!}$　　(4) $\displaystyle\sum_{n=1}^{\infty}\frac{1}{n^n}$

「解」(1)　$\displaystyle\frac{2+(-1)^n}{2^n}\leqq\frac{3}{2^n}$　，$\displaystyle\sum_{n=0}^{\infty}\frac{3}{2^n}=\frac{3}{1-(1/2)}=6$（収束）　より

$\displaystyle\sum_{n=0}^{\infty}\frac{2+(-1)^n}{2^n}$　は収束する．

(2)　$\displaystyle\int_1^{\infty}\frac{1}{x}\,dx=[\ln x]_1^{\infty}=\infty$　より　$\displaystyle\sum_{n=1}^{\infty}\frac{1}{n}=\infty$（発散）

(3)　$\displaystyle a_n=\frac{3^n}{n!}$ とおくと　$\displaystyle\frac{a_{n+1}}{a_n}=\frac{3}{n+1}$

$\displaystyle\lim_{n\to\infty}\frac{3}{n+1}=0<1$　より　$\displaystyle\sum_{n=1}^{\infty}\frac{3^n}{n!}$　は収束する．

(4)　$\displaystyle a_n=\frac{1}{n^n}$ とおくと　$\displaystyle\sqrt[n]{a_n}=\frac{1}{n}$

$\displaystyle\lim_{n\to\infty}\frac{1}{n}=0<1$　より　$\displaystyle\sum_{n=1}^{\infty}\frac{1}{n^n}$　は収束する．

【問題 5.3】　次の正項級数の収束／発散を調べよ．

(1) $\displaystyle\sum_{n=1}^{\infty}\frac{1}{2^n+1}$　　(2) $\displaystyle\sum_{n=1}^{\infty}\frac{1}{n^2}$　　(3) $\displaystyle\sum_{n=1}^{\infty}\frac{1}{3n+1}$　　(4) $\displaystyle\sum_{n=1}^{\infty}\frac{n}{3^n}$

(5) $\displaystyle\sum_{n=0}^{\infty}\frac{5^n}{n!}$　　(6) $\displaystyle\sum_{n=2}^{\infty}\frac{1}{n\ln n}$　　(7) $\displaystyle\sum_{n=1}^{\infty}\frac{2^n n!}{n^n}$　　(8) $\displaystyle\sum_{n=1}^{\infty}\left(\frac{n}{3n+2}\right)^n$

・　調和級数：$\displaystyle\sum_{n=1}^{\infty}\frac{1}{n}=1+\frac{1}{2}+\frac{1}{3}+\cdots+\frac{1}{n}+\cdots=\infty$

・　汎調和級数：$\displaystyle\sum_{n=1}^{\infty}\frac{1}{n^s}=1+\frac{1}{2^s}+\frac{1}{3^s}+\cdots+\frac{1}{n^s}+\cdots \qquad (s>0)$

$s>1$ のとき収束，　$0<s\leqq 1$ のとき ∞ に発散．

【交項級数】　すべての n について $a_n>0$ とする．項の符号が交互に変化する級数：$\displaystyle\sum_{n=1}^{\infty}(-1)^{n-1}a_n$　を **交項級数（交代級数）** という．

【定理 5.1】　$\{a_n\}$ が単調減少で $\displaystyle\lim_{n\to\infty}a_n=0 \Longrightarrow \sum_{n=1}^{\infty}(-1)^{n-1}a_n$ は収束．

例題 5.3　交項級数 $\displaystyle\sum_{n=1}^{\infty}\frac{(-1)^{n-1}}{n+1}$ が収束することを示せ．

「解」$a_n=\dfrac{1}{n+1}$ とおくと，$\dfrac{a_n}{a_{n+1}}=\dfrac{n+2}{n+1}>1$ より，$a_n>a_{n+1}$ となり単調減少．

さらに $\displaystyle\lim_{n\to\infty}\frac{1}{n+1}=0$ であるから　$\displaystyle\sum_{n=1}^{\infty}\frac{(-1)^{n-1}}{n+1}$ は収束する．

【問題 5.4】　交項級数 $\displaystyle\sum_{n=1}^{\infty}\frac{(-1)^{n-1}}{n^2+2}$ が収束することを示せ．

例題 5.4　$\displaystyle\sum_{n=1}^{\infty}\frac{(-1)^{n-1}}{n}=\ln 2$　を示せ．

「解」　$\displaystyle\int_0^1\sum_{k=1}^{N}(-1)^{k-1}x^{k-1}\,dx=\int_0^1\frac{1-(-1)^N x^N}{1+x}\,dx$　より，

$$\sum_{n=1}^{N}\frac{(-1)^{n-1}}{n}=\ln 2-J_N \qquad \left(\ J_N=(-1)^N\int_0^1\frac{x^N}{1+x}\,dx\ \right)$$

$$0\leqq |J_N|=\int_0^1\frac{x^N}{1+x}\,dx\leqq\int_0^1 x^N\,dx=\frac{1}{N+1}\to 0\ \ (N\to\infty)$$

より　$\displaystyle\lim_{N\to\infty}J_N=0$　したがって，　$\displaystyle\sum_{n=1}^{\infty}\frac{(-1)^{n-1}}{n}=\ln 2$

【問題 5.5】 $\displaystyle\sum_{n=1}^{\infty}\frac{(-1)^{n-1}}{2n-1}=\frac{\pi}{4}$ を示せ．（$1-x^2+x^4-\cdots+(-x^2)^{N-1}$ を利用）

＊ 交項級数のように異なる符号の項がそれぞれ無限個現れる級数では，
項の順序を無限回変えることでどんな値にもできる．(Riemann)

【問題 5.6】 $\displaystyle\sum_{n=1}^{\infty}\frac{(-1)^{n-1}}{n}=1-\frac{1}{2}+\frac{1}{3}-\frac{1}{4}+\cdots+\frac{(-1)^{n-1}}{n}+\cdots=\ln 2$

この交項級数の項の順序を変えた次の級数は異なる値をもつ．次式の値を求めよ．

$$\left(1-\frac{1}{2}-\frac{1}{4}\right)+\left(\frac{1}{3}-\frac{1}{6}-\frac{1}{8}\right)+\cdots+\left(\frac{1}{2n-1}-\frac{1}{4n-2}-\frac{1}{4n}\right)+\cdots$$

5.2 関数列と関数項級数

1つの区間 I で定義された関数の列：$f_1(x), f_2(x), ..., f_n(x), ...$ を **関数列** といい，$\{f_n(x)\}$ $(x \in I)$ と表す．関数列に対し，各 x を固定したときの極限：$\displaystyle\lim_{n\to\infty} f_n(x)$ による関数 $f(x)$ を **極限関数** という．

$$f(x)=\lim_{n\to\infty} f_n(x)$$

また，極限関数の定義域（収束する範囲）を **収束域** という．

ex. $f_n(x)=x^n$ $(x\in[0,1])$ に対し，

$$f(x)=\begin{cases} 0 & (0 \leqq x < 1) \\ 1 & (x=1) \end{cases}$$ とおくと，$\displaystyle f(x)=\lim_{n\to\infty} f_n(x)$

【関数項級数】 関数列 $\{f_n(x)\}$ $(x\in I)$ に対しても次のように定める：

$$\sum_{n=1}^{\infty} f_n(x)=f_1(x)+f_2(x)+\cdots+f_n(x)+\cdots \qquad \text{関数項級数}$$

$$\sum_{n=1}^{\infty} f_n(x)=\lim_{N\to\infty}\sum_{n=1}^{N} f_n(x) \qquad \text{関数項級数の和}$$

5.3　ベキ級数

数列 $\{a_n\}$ に対し，$\displaystyle\sum_{n=0}^{\infty} a_n x^n$ を **ベキ級数**，$\displaystyle\sum_{n=0}^{\infty} a_n (x-c)^n$ を点 c を中心とするベキ級数という．

【定理 5.2】 $\displaystyle\sum_{n=0}^{\infty} a_n x^n$ が点 $p\,(\neq 0)$ で収束 $\Longrightarrow$ 区間 $(-|p|, |p|)$ で収束．

この定理より $\displaystyle\sum_{n=0}^{\infty} a_n x^n$ の収束域は次のいずれか：

(1)　$x=0$ のみ

(2)　$\boldsymbol{R} = (-\infty, \infty)$（実数全体）

(3)　区間　$(-R, R)$, $[-R, R)$, $(-R, R]$, $[-R, R]$　（R は正の定数）

(3) の R を **収束半径** という．(1) は $R=0$，(2) は $R=\infty$ と定める．

【収束半径の求め方】　極限値 $\displaystyle\lim_{n\to\infty}\left|\frac{a_{n+1}}{a_n}\right|$ または $\displaystyle\lim_{n\to\infty}\sqrt[n]{|a_n|}$　$\cdots(\sharp)$

が存在するとき収束半径は

$$R = \frac{1}{\displaystyle\lim_{n\to\infty}\left|\frac{a_{n+1}}{a_n}\right|}\quad ,\qquad R = \frac{1}{\displaystyle\lim_{n\to\infty}\sqrt[n]{|a_n|}}$$

$(\sharp)$ の極限値が 0 のとき $R=\infty$，　極限が ∞ のとき $R=0$ である．

例題 5.5　次のベキ級数の収束半径 R を求めよ．(1) $\displaystyle\sum_{n=1}^{\infty}\frac{x^n}{2^n+1}$　(2) $\displaystyle\sum_{n=0}^{\infty}\frac{x^n}{n!}$

「解」

(1) $a_n = \dfrac{1}{2^n+1}$ とおく．$\displaystyle\lim_{n\to\infty}\left|\frac{a_{n+1}}{a_n}\right| = \lim_{n\to\infty}\frac{1+2^{-n}}{2+2^{-n}} = \frac{1}{2}$，$R=2$

(2) $a_n = \dfrac{1}{n!}$ とおくと，$\displaystyle\lim_{n\to\infty}\left|\frac{a_{n+1}}{a_n}\right| = \lim_{n\to\infty}\frac{1}{n+1} = 0$ より，$R=\infty$

【問題 5.7】　次のベキ級数の収束半径を求めよ．

(1) $\displaystyle\sum_{n=1}^{\infty}\frac{x^n}{2n-1}$　(2) $\displaystyle\sum_{n=1}^{\infty}2^{n/2}x^n$　(3) $\displaystyle\sum_{n=1}^{\infty}\frac{2^n}{n^3}x^n$　(4) $\displaystyle\sum_{n=0}^{\infty}\frac{x^{2n}}{n!}$

(5) $\displaystyle\sum_{n=1}^{\infty}\frac{3^n+(-2)^n}{n^2}x^n$　(6) $\displaystyle\sum_{n=0}^{\infty}\frac{(2n)!}{n!}x^{2n}$　(7) $\displaystyle\sum_{n=1}^{\infty}\frac{(-5)^n}{(2n)^3}x^n$　(8) $\displaystyle\sum_{n=0}^{\infty}\frac{x^{2n}}{3^n}$

【定理 5.3】 $\sum_{n=0}^{\infty} a_n x^n$ の収束半径 $R>0$ とする．このとき，
$\sum_{n=0}^{\infty} a_n x^n$ は $(-R,R)$ で C^∞ 級で，項別微分可能，項別積分可能．
つまり，$a, x \in (-R,R)$ に対して，$f_n(x) = a_n x^n$ とおくと

$$\int_a^x \Big(\sum_n f_n(t)\Big)\,dt = \sum_n \int_a^x f_n(t)\,dt \ , \quad \frac{d}{dx}\Big(\sum_n f_n(x)\Big) = \sum_n \frac{d}{dx} f_n(x)$$

【定理 5.4】 [アーベル（**Abel**）の連続性定理]
$\sum_{n=0}^{\infty} a_n x^n$ の収束半径が R （$R \neq 0, \infty$）のとき
$x=\pm R$ で収束すれば $\sum_{n=0}^{\infty} a_n x^n$ は $x=\pm R$ で連続（複号同順）．

【問題 5.8】 $\sum_{n=0}^{\infty} x^n = \frac{1}{1-x}$ $(-1<x<1)$ を利用して次式を示せ．
(1) $\sum_{n=1}^{\infty} n x^{n-1} = \frac{1}{(1-x)^2}$ $(|x|<1)$ (2) $\sum_{n=2}^{\infty} n(n-1)x^{n-2} = \frac{2}{(1-x)^3}$ $(|x|<1)$

【問題 5.9】 $f(x) = \sum_{n=2}^{\infty} \frac{x^n}{n(n-1)}$ とおく．
(1) $f(x)$ の収束半径 R を求めよ． (2) $|x|<R$ で $f''(x)$ を求めよ．
(3) $f(x)$ を求めよ．$(|x|<R)$

【問題 5.10】 次式を示せ．(2) はアーベルの定理を利用せよ．
(1) $\tan^{-1} x = \sum_{n=0}^{\infty} \frac{(-1)^n}{2n+1} x^{2n+1}$ $(|x|<1)$ (2) $\frac{\pi}{4} = \sum_{n=0}^{\infty} \frac{(-1)^n}{2n+1}$

5.4 マクローリン展開

【マクローリン展開】 $f(x)$ が区間 I で C^∞ 級のとき

$$\sum_{n=0}^{\infty} \frac{f^{(n)}(0)}{n!} x^n$$

を $f(x)$ の **マクローリン級数** という．

これが収束して $f(x)$ を表すとき，$f(x)$ のマクローリン級数による表現を**マクローリン展開** という．これは原点中心のテイラー展開である（1 章）．

$$f(x) = \sum_{n=0}^{\infty} \frac{f^{(n)}(0)}{n!} x^n \quad (x \in I)$$

$f(x)$ の **マクローリン展開**

【マクローリン展開の代表例】（複素数の場合は定理 1.19）

(1) $e^x = \sum_{n=0}^{\infty} \frac{x^n}{n!} \quad (x \in \boldsymbol{R})$

(2) $\sin x = \sum_{n=0}^{\infty} \frac{(-1)^n}{(2n+1)!} x^{2n+1} \quad (x \in \boldsymbol{R})$

(3) $\cos x = \sum_{n=0}^{\infty} \frac{(-1)^n}{(2n)!} x^{2n} \quad (x \in \boldsymbol{R})$

(4) $\ln(1+x) = \sum_{n=1}^{\infty} \frac{(-1)^{n-1}}{n} x^n \quad (-1 < x \leqq 1)$

(5) $(1+x)^\alpha = \sum_{n=0}^{\infty} \binom{\alpha}{n} x^n$，$\frac{1}{1-x} = \sum_{n=0}^{\infty} x^n$

$(-1 < x < 1)$

・　(5) について，α は実数で，x の範囲は α の値によって異なる．

・　$\binom{\alpha}{n} = \frac{\alpha(\alpha-1)(\alpha-2)\cdots(\alpha-n+1)}{n!}$，$\binom{\alpha}{0} = 1$

マクローリン展開の性質はマクローリン近似の性質と似ている．例えば，

$$f(x) = \sum_{n=0}^{\infty} a_n x^n \quad (x \in I) \quad , \quad g(x) = \sum_{n=0}^{\infty} b_n x^n \quad (x \in J)$$ のとき

(1) $f(x) \pm g(x) = \sum_{n=0}^{\infty} (a_n \pm b_n) x^n \quad (x \in I \cap J)$　（複号同順）

(2) $f(cx^m) = \sum_{n=0}^{\infty} a_n c^n x^{mn} \quad (cx^m \in I)$

(3) $f'(x) = \sum_{n=1}^{\infty} n a_n x^{n-1}$　($x \in I$, 端点除く)

(4) $F'(x) = f(x)$ のとき　$F(x) = F(0) + \sum_{n=0}^{\infty} \frac{a_n}{n+1} x^{n+1}$ ($x \in I$, 端点除く)

例題 5.6　次の関数のマクローリン展開を求めよ．(1) e^{-2x}　(2) $\tan^{-1} x$

「解」

(1)　$e^x = \sum_{n=0}^{\infty} \frac{x^n}{n!}$　より　$e^{-2x} = \sum_{n=0}^{\infty} \frac{(-2x)^n}{n!} = \sum_{n=0}^{\infty} \frac{(-1)^n 2^n}{n!} x^n \quad (x \in \boldsymbol{R})$

(2) $(\tan^{-1} x)' = \dfrac{1}{1+x^2} = \displaystyle\sum_{n=0}^{\infty}(-1)^n x^{2n}$ $(-1 < x < 1)$ より

$$\tan^{-1} x = \sum_{n=0}^{\infty} \frac{(-1)^n}{2n+1} x^{2n+1} \qquad (-1 < x < 1)$$

（補） (2) はアーベルの定理より $-1 \leqq x \leqq 1$ で成り立つ．

【問題 5.11】 次の関数のマクローリン展開を求めよ．

(1) e^{-x^2}　(2) $\dfrac{e^x + e^{-x}}{2}$　(3) $\dfrac{1}{2+x}$　(4) $\sin^2 x$　(5) $\ln(2+x)$

5.5 フーリエ（Fourier）級数 1

区間 $[-\pi, \pi]$ 上の関数を扱う．　～　周期 2π の周期関数に対応

【関数の条件】

・ $f(x)$ が区分的に連続

… 有限個の点を除いて連続で，各不連続点で右極限値，左極限値が存在．$x = \pi$ で不連続ならば左極限値，$x = -\pi$ で不連続ならば右極限値が存在すればよい．

・ $f(x)$ が区分的に C^1 級　…　有限個の点を除いて微分可能で，$f'(x)$ が区分的に連続．

無限区間で区分的に連続／区分的に C^1 級は，その区間に含まれるすべての有限区間で区分的に連続／区分的に C^1 級を意味する．

【偶関数，奇関数】

(1) $f(x)$ が偶関数 … $f(-x) = f(x)$ を満たす関数．グラフは y 軸対称．

ex. $f(x) = x^{\text{偶数}}$（ $f(x) =$「定数」，$f(x) = x^2$，$f(x) = x^4, \ldots$）

$f(x) = |x|$，$f(x) = \cos nx$ $(n = 1, 2, 3, \ldots)$ など

・ $f(x)$ が偶関数のとき，$\displaystyle\int_{-a}^{a} f(x)\,dx = 2\int_0^a f(x)\,dx$ （a は正定数）

(2) $f(x)$ が奇関数 $\cdots$ $f(-x) = -f(x)$ を満たす関数．グラフは 原点対称．

ex.　$f(x) = x^{奇数}$（$f(x) = x$, $f(x) = x^3$, ...）

$f(x) = \sin nx$　（$n = 1, 2, 3, \ldots$）など

・　$f(x)$ が奇関数のとき，$\displaystyle\int_{-a}^{a} f(x)\,dx = 0$　（a は正定数）

（補）　「偶関数」×「偶関数」,「奇関数」×「奇関数」は「偶関数」
「偶関数」×「奇関数」は「奇関数」

【三角関数の積分について（直交性など）】　（m, n は非負整数）

$$\int_{-\pi}^{\pi} \cos mx \, \cos nx \, dx = \begin{cases} 0 & (m \neq n) \\ \pi & (m = n \neq 0) \\ 2\pi & (m = n = 0) \end{cases}$$

$$\int_{-\pi}^{\pi} \sin mx \, \sin nx \, dx = \begin{cases} 0 & (m \neq n\ ,\ m = n = 0) \\ \pi & (m = n \neq 0) \end{cases}$$

$$\int_{-\pi}^{\pi} \cos mx \, \sin nx \, dx = 0$$

例題 5.7　$f(x) = A_0 + \displaystyle\sum_{n=1}^{\infty} (A_n \cos nx + B_n \sin nx)$　について

項別積分可能であるとき，　$A_0 = \dfrac{1}{2\pi}\displaystyle\int_{-\pi}^{\pi} f(x)\,dx$　であることを示せ．

「解」　両辺を積分する．

$$\int_{-\pi}^{\pi} f(x)\ dx = A_0 \int_{-\pi}^{\pi} 1\ dx + \sum_{n=1}^{\infty} \left(A_n \int_{-\pi}^{\pi} \cos nx\ dx + B_n \int_{-\pi}^{\pi} \sin nx\ dx \right) = 2\pi A_0$$

したがって，$A_0 = \dfrac{1}{2\pi}\displaystyle\int_{-\pi}^{\pi} f(x)\,dx$

【問題 5.12】　例題 5.7 の設定で次式を示せ：

$$A_n = \frac{1}{\pi}\int_{-\pi}^{\pi} f(x) \cos nx \, dx\ ,\quad B_n = \frac{1}{\pi}\int_{-\pi}^{\pi} f(x) \sin nx \, dx \qquad (n = 1, 2, 3, \ldots)$$

【フーリエ係数】 $f(x)$ は $[-\pi, \pi]$ で区分的に連続とする．
このとき，次の a_n，b_n をフーリエ係数という．

$$\left(a_0 = \frac{1}{\pi}\int_{-\pi}^{\pi} f(x)\,dx\right)$$

$$a_n = \frac{1}{\pi}\int_{-\pi}^{\pi} f(x)\cos nx\,dx \qquad (n = 0, 1, 2, ...)$$

$$b_n = \frac{1}{\pi}\int_{-\pi}^{\pi} f(x)\sin nx\,dx \qquad (n = 1, 2, 3, ...)$$

【フーリエ級数】フーリエ係数を用いた次の級数を **フーリエ級数** という．

$$f(x) \sim \frac{a_0}{2} + \sum_{n=1}^{\infty}(a_n \cos nx + b_n \sin nx) \quad \text{フーリエ級数}$$

- $f(x)$ のフーリエ級数は一般には $f(x)$ に一致しない．
- 有限個の点で関数の値を変えて奇関数／偶関数ならばそれを利用して計算．

● $f(x)$ が奇関数のとき

$\underline{a_n = 0 \ \ (n = 0, 1, 2, ...)}$，$b_n = \dfrac{2}{\pi}\displaystyle\int_0^{\pi} f(x)\sin nx\;dx \ \ (n = 1, 2, ...)$

このフーリエ級数を **フーリエ正弦級数** という．

$$f(x) \sim \sum_{n=1}^{\infty} b_n \sin nx \quad \text{フーリエ正弦級数}$$

● $f(x)$ が偶関数のとき

$\underline{b_n = 0 \ \ (n = 1, 2, ...)}$，$a_n = \dfrac{2}{\pi}\displaystyle\int_0^{\pi} f(x)\cos nx\;dx \ \ (n = 0, 1, 2, ...)$

このフーリエ級数を **フーリエ余弦級数** という．

$$f(x) \sim \frac{a_0}{2} + \sum_{n=1}^{\infty} a_n \cos nx \quad \text{フーリエ余弦級数}$$

例題 5.8　$f(x) = x \quad (-\pi \leqq x \leqq \pi)$ のフーリエ級数を求めよ．

「解」　$f(x) = x$ は奇関数だから，$a_0 = 0$，$a_n = 0$

$$
\begin{aligned}
b_n &= \frac{1}{\pi}\int_{-\pi}^{\pi} x \sin nx \, dx = \frac{2}{\pi}\int_{0}^{\pi} x \sin nx \, dx \\
&= \frac{2}{\pi}\left\{\left[-\frac{1}{n}x\cos nx\right]_0^{\pi} + \frac{1}{n}\int_0^{\pi}\cos nx \, dx\right\} \\
&= \frac{2}{\pi}\left\{-\frac{1}{n}\pi\cos n\pi + \frac{1}{n^2}\Big[\sin nx\Big]_0^{\pi}\right\} = \frac{2}{n}(-1)^{n+1} \qquad (\cos n\pi = (-1)^n)
\end{aligned}
$$

したがって，　$x \sim \displaystyle\sum_{n=1}^{\infty} \frac{2(-1)^{n+1}}{n} \sin nx$

【問題 5.13】　次の関数のフーリエ級数を求めよ．

(1) $f(x) = \begin{cases} -1 & (-\pi \leqq x < 0) \\ 1 & (0 \leqq x \leqq \pi) \end{cases}$　　(2) $f(x) = \dfrac{x^2}{4} \quad (-\pi \leqq x \leqq \pi)$

(3) $f(x) = \begin{cases} -\pi - x & (-\pi \leqq x < 0) \\ \pi - x & (0 \leqq x \leqq \pi) \end{cases}$　　(4) $f(x) = |x| \quad (-\pi \leqq x \leqq \pi)$

(5) $f(x) = \begin{cases} 0 & (-\pi \leqq x < 0) \\ 1 & (0 \leqq x \leqq \pi) \end{cases}$　　(6) $f(x) = \begin{cases} 0 & (-\pi \leqq x < 0) \\ x & (0 \leqq x \leqq \pi) \end{cases}$

(7) $f(x) = \begin{cases} 0 & (-\pi \leqq x < 0) \\ \sin x & (0 \leqq x \leqq \pi) \end{cases}$　　(8) $f(x) = x\cos x \quad (-\pi \leqq x \leqq \pi)$

【周期関数について】

$[-\pi, \pi]$ で定義された関数 $f(x)$ は $\boldsymbol{R}$ での周期関数とみることができる．

ex.　$f(x) = |x| \ (-\pi \leqq x \leqq \pi) \quad \longrightarrow \quad \boldsymbol{R}$ での周期関数

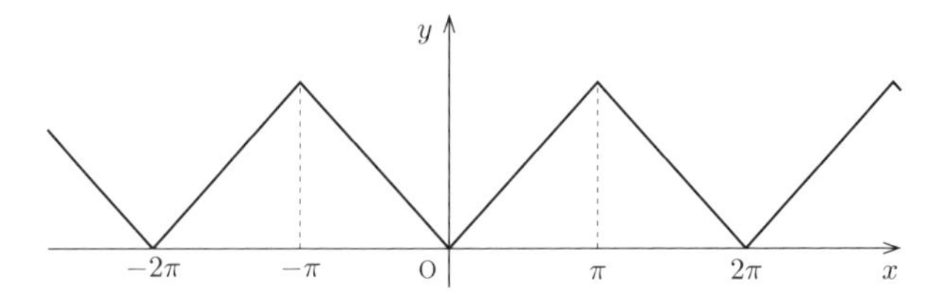

＊　$f(\pi) \neq f(-\pi)$ の場合は $\pm\pi$ での値を修正する．

【奇関数拡張，偶関数拡張】

$f(x)$ が $[0,\pi]$ で定義された関数の場合，周期関数との対応がいくつかあるが，よく用いられるのは次の 2 つ．

(1) $f(x)$ を $[-\pi,\pi]$ で奇関数に拡張した関数を $\boldsymbol{R}$ での周期関数とみる．

(2) $f(x)$ を $[-\pi,\pi]$ で偶関数に拡張した関数を $\boldsymbol{R}$ での周期関数とみる．

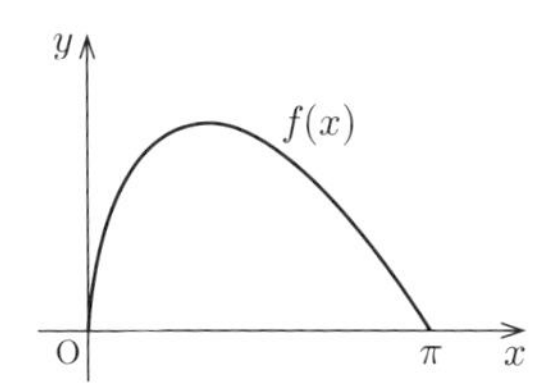

(1) $f(x)=\begin{cases} f(x) & (0 \leqq x \leqq \pi) \\ -f(-x) & (-\pi \leqq x < 0) \end{cases}$

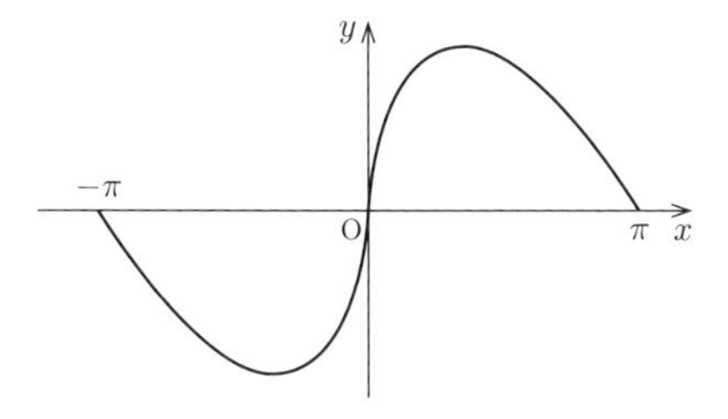

(2) $f(x)=\begin{cases} f(x) & (0 \leqq x \leqq \pi) \\ f(-x) & (-\pi \leqq x < 0) \end{cases}$

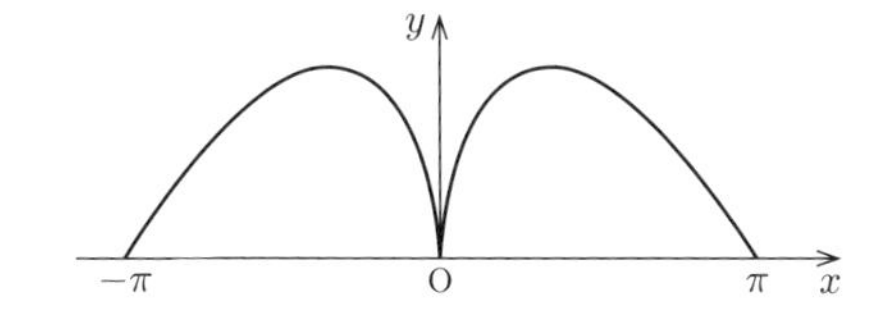

(1) を**奇関数拡張**，(2) を**偶関数拡張**という．$f(x)$ が $[0,\pi]$ で定義され「フーリエ正弦級数を求めよ」というときは奇関数拡張することを意味し，「フーリエ余弦級数を求めよ」というときは偶関数拡張することを意味する．

例題 5.9　$f(x)=x\ (0 \leqq x \leqq \pi)$ のフーリエ正弦級数，フーリエ余弦級数を求めよ．

「解」

・フーリエ正弦級数　（奇関数拡張すると $f(x)=x\ (-\pi \leqq x \leqq \pi)$）

$$b_n = \frac{2}{\pi}\int_0^\pi x\sin nx\,dx = \frac{2}{\pi}\left\{\left[-\frac{1}{n}x\cos nx\right]_0^\pi + \frac{1}{n}\int_0^\pi \cos nx\,dx\right\}$$

$$= \frac{2}{\pi}\left\{-\frac{1}{n}\pi\cos n\pi + \frac{1}{n^2}\left[\sin nx\right]_0^\pi\right\} = \frac{2}{n}(-1)^{n+1}$$

$$\underline{x \sim \sum_{n=1}^{\infty}\frac{2(-1)^{n+1}}{n}\sin nx}$$

・フーリエ余弦級数　（偶関数拡張すると $f(x)=|x|\ (-\pi \leqq x \leqq \pi)$）

$$a_0 = \frac{2}{\pi}\int_0^\pi x\,dx = \pi$$

$$a_n = \frac{2}{\pi}\int_0^\pi x\cos nx\,dx = \frac{2}{\pi}\left\{\left[\frac{1}{n}x\sin nx\right]_0^\pi - \frac{1}{n}\int_0^\pi \sin nx\,dx\right\}$$

$$= \frac{2}{\pi}\left\{\frac{1}{n^2}\left[\cos nx\right]_0^\pi\right\} = \frac{2((-1)^n-1)}{\pi n^2}$$

$$\underline{x \sim \frac{\pi}{2} + \frac{2}{\pi}\sum_{n=1}^{\infty}\frac{((-1)^n-1)}{n^2}\cos nx} \qquad \left(x \sim \frac{\pi}{2} - \frac{4}{\pi}\sum_{n=1}^{\infty}\frac{\cos(2n-1)x}{(2n-1)^2}\right)$$

【問題 5.14】　次の関数のフーリエ正弦級数を求めよ．

(1) $f(x)=2\ (0 \leqq x \leqq \pi)$　　(2) $f(x)=x^2\ (0 \leqq x \leqq \pi)$

(3) $f(x)=\begin{cases} 1 & (0 \leqq x \leqq \pi/2) \\ -1 & (\pi/2 < x \leqq \pi) \end{cases}$

【問題 5.15】　次の関数のフーリエ余弦級数を求めよ．

(1) $f(x)=\pi - x\ (0 \leqq x \leqq \pi)$　　(2) $f(x)=\begin{cases} 1 & (0 \leqq x \leqq \pi/2) \\ 0 & (\pi/2 < x \leqq \pi) \end{cases}$

(3) $f(x)=e^x\ (0 \leqq x \leqq \pi)$

（補）

$$\int e^{ax}\sin bx\,dx = \frac{e^{ax}}{a^2+b^2}(a\sin bx - b\cos bx) + C$$

$$\int e^{ax}\cos bx\,dx = \frac{e^{ax}}{a^2+b^2}(b\sin bx + a\cos bx) + C \qquad (a, b \neq 0)$$

【フーリエ級数が表す関数】　$f(a+0)=\lim_{x\to a+0}f(x)\,,\ f(a-0)=\lim_{x\to a-0}f(x)$

【定理 5.5】 [ディリクレージョルダン（**Dirichlet-Jordan**）の収束定理]

$f(x)$ が $[-\pi,\pi]$ で区分的に C^1 級のとき，$f(x)$ のフーリエ級数は

$$\widetilde{f}(x)=\begin{cases}\dfrac{1}{2}\{f(x+0)+f(x-0)\} & (\,-\pi<x<\pi\,)\\[2mm] \dfrac{1}{2}\{f(-\pi+0)+f(\pi-0)\} & (\,x=\pm\pi\,)\end{cases}$$

に等しい：

$$\boxed{\widetilde{f}(x)=\frac{a_0}{2}+\sum_{n=1}^{\infty}(a_n\cos nx+b_n\sin nx)}$$

・　$-\pi<x<\pi$ のとき，x で連続ならば $f(x)=\dfrac{1}{2}\{f(x+0)+f(x-0)\}$

・　$f(x)$ が $x=\pm\pi$ で連続で $f(-\pi)=f(\pi)$ のとき

$$f(-\pi)=f(\pi)=\frac{1}{2}\{f(-\pi+0)+f(\pi-0)\}$$

*　$\boldsymbol{R}$ 上の周期関数とみて連続性を調べ，不連続点で値を修正すればよい．

例題 5.10　$f(x)=x\ (-\pi\leqq x\leqq\pi)$ のフーリエ級数が表す関数を求めよ．

「解」　$f(x)$ は $[-\pi,\pi]$ で連続かつ C^1 級であるが，$f(\pi)\neq f(-\pi)$ より

$f(x)$ のフーリエ級数が表す関数は　$\widetilde{f}(x)=\begin{cases}x & (|x|<\pi)\\ 0 & (x=\pm\pi)\end{cases}$

（補）　例題 5.8 より　$$\sum_{n=1}^{\infty}\frac{2(-1)^{n+1}}{n}\sin nx=\begin{cases}x & (|x|<\pi)\\ 0 & (x=\pm\pi)\end{cases}$$

【問題 5.16】　次の関数のフーリエ級数が表す関数を求めよ．

(1) $f(x)=|x|\quad(-\pi\leqq x\leqq\pi)$

(2) $f(x)=\begin{cases}-1 & (-\pi\leqq x<0)\\ 1 & (0\leqq x\leqq\pi)\end{cases}$

(3) $f(x)=e^x\quad(-\pi\leqq x\leqq\pi)$

(4) $f(x)=x^4+1\quad(-\pi\leqq x\leqq\pi)$

(5) $f(x)=(x-\pi)^2\quad(-\pi\leqq x\leqq\pi)$

ex.　$f(x) = x\ (-\pi \leqq x \leqq \pi)$ のフーリエ級数の部分和：

$$\sum_{n=1}^{N} \frac{2(-1)^{n+1}}{n} \sin nx$$

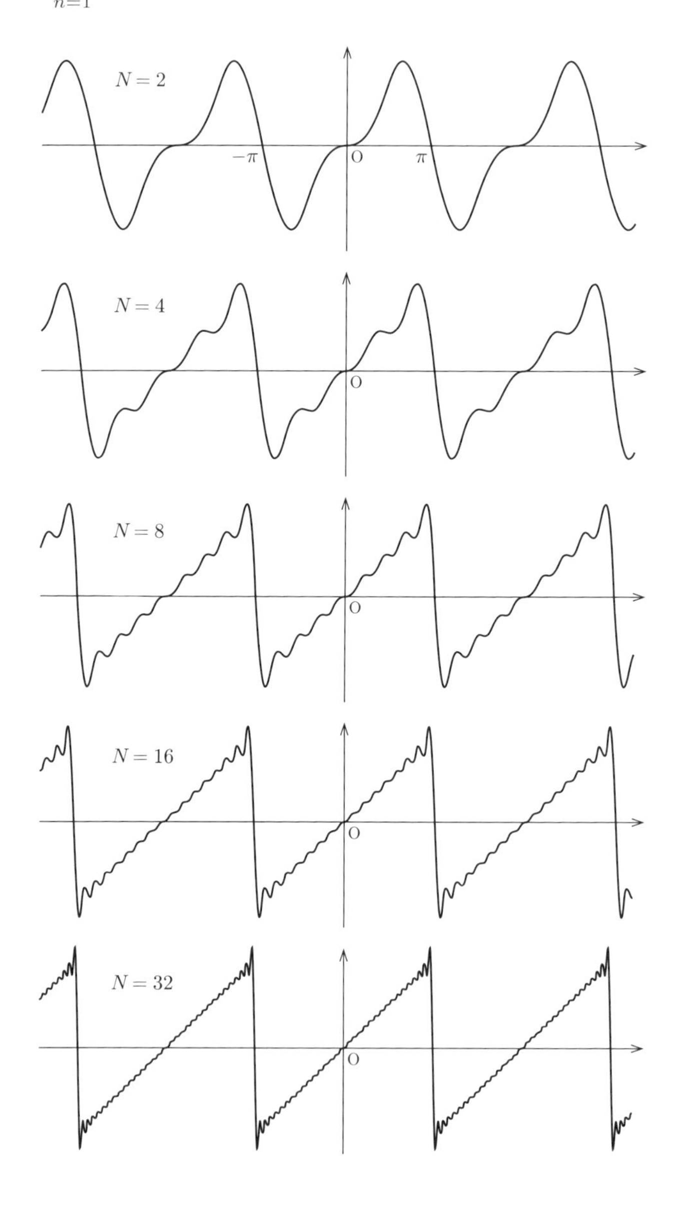

ex. $f(x) = |x|$ $(-\pi \leqq x \leqq \pi)$ のフーリエ級数の部分和：

$$\frac{\pi}{2} - \frac{4}{\pi} \sum_{n=1}^{N} \frac{1}{(2n-1)^2} \cos(2n-1)x$$

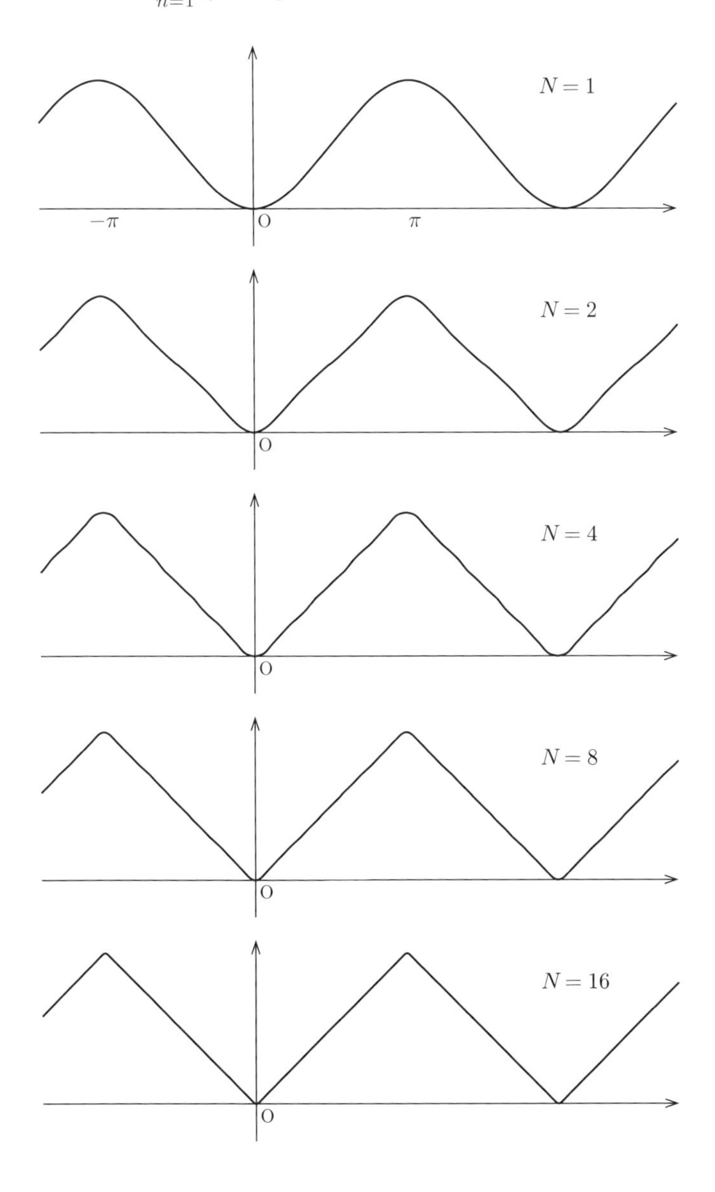

【フーリエ展開】

$f(x)$ がそのフーリエ級数に等しいとき **フーリエ展開可能** といい，
$f(x)$ のフーリエ級数による表現をフーリエ展開という．

$$f(x) = \frac{a_0}{2} + \sum_{n=1}^{\infty}(a_n \cos nx + b_n \sin nx) \qquad f(x) \text{ の } \textbf{フーリエ展開}$$

＊　不連続点，端点での値を修正した $\widetilde{f}(x)$（定理 5.5）はフーリエ展開可能．

【定理 5.6】　$f(x)$ が $[-\pi, \pi]$ で連続かつ区分的に C^1 級で $f(-\pi) = f(\pi)$
（区分的 C^1 級で，$\boldsymbol{R}$ 上の周期関数として連続）

このときフーリエ展開可能：　$f(x) = \dfrac{a_0}{2} + \displaystyle\sum_{n=1}^{\infty}(a_n \cos nx + b_n \sin nx)$

例題 5.11　$f(x) = x^2$ $(-\pi \leqq x \leqq \pi)$ がフーリエ展開可能である理由を述べ，フーリエ展開を求めよ．

「解」　$f(x)$ は $\boldsymbol{R}$ 上の周期関数として連続よりフーリエ展開可能である．
（$f(x) = x^2$ は $[-\pi, \pi]$ で連続で，$f(\pi) = \pi^2 = f(-\pi)$ よりフーリエ展開可能．）

$f(x)$ は偶関数より，$b_n = 0$　，　$a_0 = \dfrac{2}{\pi}\displaystyle\int_0^{\pi} x^2\,dx = \dfrac{2\pi^2}{3}$

$$\begin{aligned} a_n &= \frac{2}{\pi}\int_0^{\pi} x^2 \cos nx\,dx = \frac{2}{\pi}\left\{\left[x^2 \cdot \frac{1}{n}\sin nx\right]_0^{\pi} - \frac{1}{n}\int_0^{\pi} 2x \sin nx\,dx\right\} \\ &= -\frac{4}{n\pi}\int_0^{\pi} x \sin nx\,dx = -\frac{4}{n\pi}\left\{\left[-x\frac{1}{n}\cos nx\right]_0^{\pi} + \frac{1}{n}\int_0^{\pi}\cos nx\,dx\right\} \\ &= -\frac{4}{n\pi}\left\{-\pi\frac{1}{n}\cos n\pi + \frac{1}{n^2}\Big[\sin nx\Big]_0^{\pi}\right\} = \frac{4}{n^2}(-1)^n \end{aligned}$$

したがって，　$x^2 = \dfrac{\pi^2}{3} + \displaystyle\sum_{n=1}^{\infty}\frac{4}{n^2}(-1)^n \cos nx$　$(-\pi \leqq x \leqq \pi)$

【問題 5.17】　フーリエ展開可能である理由を述べて，フーリエ展開を求めよ．

(1) $f(x) = \pi - |x|$ $(-\pi \leqq x \leqq \pi)$　　(2) $f(x) = \begin{cases} x(\pi + x) & (-\pi \leqq x < 0) \\ x(\pi - x) & (0 \leqq x \leqq \pi) \end{cases}$

(3) $f(x) = e^{|x|}$ $(-\pi \leqq x \leqq \pi)$　　(4) $f(x) = |\sin x|$ $(-\pi \leqq x \leqq \pi)$

【問題 5.18】 次の等式を示せ．

(1) $\displaystyle\sum_{n=1}^{\infty}(-1)^{n+1}\frac{\cos nx}{n^2} = \frac{\pi^2 - 3x^2}{12} \quad (-\pi \leqq x \leqq \pi)$

(2) $\displaystyle 1 - 2\sum_{n=1}^{\infty}\frac{\cos 2nx}{4n^2 - 1} = \frac{\pi}{2}|\sin x| \quad (x \in \boldsymbol{R})$

【フーリエ係数についての定理】　$f(x)$ は区分的に連続とする．

【定理 5.7】　すべてのフーリエ係数が 0 のとき，不連続点を除いて $f(x) = 0$

【定理 5.8】 [パーセバル（**Parseval**）の等式]

$$\frac{1}{2}a_0^2 + \sum_{n=1}^{\infty}(a_n^2 + b_n^2) = \frac{1}{\pi}\int_{-\pi}^{\pi}\{f(x)\}^2dx$$

【定理 5.9】 [リーマンールベーグ（**Riemann-Lebesgue**）の定理]

$\displaystyle\lim_{n\to\infty} a_n = 0, \quad \lim_{n\to\infty} b_n = 0$　が成り立つ．

例題 5.12　$\displaystyle |x| \sim \frac{\pi}{2} - \frac{4}{\pi}\sum_{n=1}^{\infty}\frac{1}{(2n-1)^2}\cos(2n-1)x$　とパーセバルの等式を用いて　$\displaystyle\sum_{n=1}^{\infty}\frac{1}{(2n-1)^4}$　の値を求めよ．

「解」　$\displaystyle\left(a_0 = \pi\,,\ a_{2n} = 0\,,\ a_{2n-1} = -\frac{4}{(2n-1)^2\pi}\,,\ b_n = 0\ (n = 1, 2, ...)\right)$

パーセバルの等式より　$\displaystyle\frac{\pi^2}{2} + \frac{16}{\pi^2}\sum_{n=1}^{\infty}\frac{1}{(2n-1)^4} = \frac{1}{\pi}\int_{-\pi}^{\pi}|x|^2dx = \frac{2\pi^2}{3}$

$$\sum_{n=1}^{\infty}\frac{1}{(2n-1)^4} = \frac{\pi^4}{96}$$

【問題 5.19】 フーリエ級数とパーセバルの等式を用いて次の級数の値を求めよ．

(1) $\displaystyle\sum_{n=1}^{\infty}\frac{1}{n^2} \qquad f(x) = \begin{cases} -\pi - x & (-\pi \leqq x < 0) \\ \pi - x & (0 \leqq x \leqq \pi) \end{cases}, \quad f(x) \sim \sum_{n=1}^{\infty}\frac{2}{n}\sin nx$

(2) $\displaystyle\sum_{n=1}^{\infty} \frac{1}{(2n-1)^2}$　　$f(x) = \begin{cases} 0 & (-\pi \leqq x < 0) \\ 1 & (0 \leqq x \leqq \pi) \end{cases}$,

$$f(x) \sim \frac{1}{2} + \frac{2}{\pi} \sum_{n=1}^{\infty} \frac{1}{2n-1} \sin(2n-1)x$$

【問題 5.20】 $\displaystyle\sum_{n=1}^{\infty} \frac{1}{n^2}$ の値を次の方法で求めよ．(バーゼル問題)

(1) $f(x) = x \quad (-\pi \leqq x \leqq \pi)$　のフーリエ級数とパーセバルの等式を使う．
(2) $f(x) = x^2 \quad (-\pi \leqq x \leqq \pi)$　のフーリエ級数を使う．

【問題 5.21】 項の順序交換を認め，問題 5.20 の結果を使って次の値を求めよ．

(1) $\displaystyle\sum_{n=1}^{\infty} \frac{1}{(2n-1)^2}$　　(2) $\displaystyle\sum_{n=1}^{\infty} \frac{(-1)^{n-1}}{n^2}$

【項別微分，項別積分について】

【定理 5.10】 $f'(x)$ が $[-\pi, \pi]$ で区分的に C^1 級で連続かつ $f'(-\pi) = f'(\pi)$（つまり，区分的に C^1 級で $\boldsymbol{R}$ 上の周期関数として連続）とする．このとき，

$f'(x)$ は「$f(x)$ のフーリエ級数を項別微分した級数」に等しい．

【定理 5.11】 $f(x)$ が $[-\pi, \pi]$ で区分的に連続ならば，

$\displaystyle\int_a^x f(t)\,dt$ は「$f(x)$ のフーリエ級数を項別積分した級数」に等しい．

$(-\pi \leqq a \leqq \pi,\ -\pi \leqq x \leqq \pi,\ a$ は定数.)

【問題 5.22】 $f(x) = x^2$　のフーリエ級数を利用して，次の問いに答えよ．

(1) $\displaystyle\sum_{n=1}^{\infty} \frac{(-1)^{n-1}}{n^2}$ の値を求めよ．　(2) $\displaystyle\sum_{n=1}^{\infty} \frac{1}{n^4}$ の値を求めよ．

(3) $f(x) = x^2 \quad (-\pi \leqq x \leqq \pi)$ のフーリエ級数を利用して次式を示せ．

$$\sum_{n=1}^{\infty} (-1)^n \frac{\sin nx}{n^3} = \frac{1}{12} x(x^2 - \pi^2) \qquad (-\pi \leqq x \leqq \pi)$$

(4) (3) を利用して $\displaystyle\sum_{n=1}^{\infty} \frac{1}{n^6}$ の値を求めよ．

5.6 フーリエ（Fourier）級数 2

§5.5 と同様の部分は簡略標記にする．

【周期 2ℓ の場合】　区間 $[-\ell, \ell]$ で考える．

$$f(x) \sim \frac{a_0}{2} + \sum_{n=1}^{\infty}\left(a_n \cos\frac{n\pi x}{\ell} + b_n \sin\frac{n\pi x}{\ell}\right) \qquad \text{フーリエ級数}$$

フーリエ係数

$$\left(a_0 = \frac{1}{\ell}\int_{-\ell}^{\ell} f(x)\,dx\right)$$

$$a_n = \frac{1}{\ell}\int_{-\ell}^{\ell} f(x)\cos\frac{n\pi x}{\ell}\,dx \quad (n = 0, 1, 2, ...)$$

$$b_n = \frac{1}{\ell}\int_{-\ell}^{\ell} f(x)\sin\frac{n\pi x}{\ell}\,dx \quad (n = 1, 2, ...)$$

奇関数／偶関数の扱いも同様．

- $f(x)$ が奇関数のとき

$$a_n = 0\ (n = 0, 1, 2, ...)\ ,\ b_n = \frac{2}{\ell}\int_{0}^{\ell} f(x)\sin\frac{n\pi x}{\ell}\,dx\ (n = 1, 2, ...)$$

$$f(x) \sim \sum_{n=1}^{\infty} b_n \sin\frac{n\pi x}{\ell} \qquad \text{フーリエ正弦級数}$$

- $f(x)$ が偶関数のとき

$$b_n = 0\ (n = 1, 2, ...)\ ,\ a_n = \frac{2}{\ell}\int_{0}^{\ell} f(x)\cos\frac{n\pi x}{\ell}\,dx\ (n = 0, 1, 2, ...)$$

$$f(x) \sim \frac{a_0}{2} + \sum_{n=1}^{\infty} a_n \cos\frac{n\pi x}{\ell} \qquad \text{フーリエ余弦級数}$$

＊　周期関数や奇関数／偶関数への拡張も同様．$f(\ell) \neq f(-\ell)$ の場合，
$f(\ell) = f(-\ell) = \dfrac{1}{2}\{f(\ell - 0) + f(-\ell + 0)\}$ と修正する．

例題 5.13 $f(x) = x \quad (-1 \leqq x \leqq 1)$ のフーリエ級数を求めよ．

「解」　$f(x) = x$ は奇関数だから，$a_0 = 0$，$a_n = 0$

$$\begin{aligned} b_n &= \int_{-1}^{1} x \sin n\pi x \, dx = 2\int_0^1 x \sin n\pi x \, dx \\ &= 2\left\{\left[-\frac{1}{n\pi} x \cos n\pi x\right]_0^1 + \frac{1}{n\pi}\int_0^1 \cos n\pi x \, dx\right\} \\ &= 2\left\{-\frac{1}{n\pi}\cos n\pi + \frac{1}{n^2\pi^2}\left[\sin n\pi x\right]_0^1\right\} = \frac{2}{n\pi}(-1)^{n+1} \end{aligned}$$

したがって，　$x \sim \displaystyle\sum_{n=1}^{\infty} \frac{2(-1)^{n+1}}{n\pi} \sin n\pi x$

【問題 5.23】　次の関数のフーリエ級数を求めよ．

(1) $f(x) = \begin{cases} -1 & (-1 \leqq x < 0) \\ 1 & (0 \leqq x \leqq 1) \end{cases}$　(2) $f(x) = |x| \quad (-1 \leqq x \leqq 1)$

(3) $f(x) = x^2 \quad (-2 \leqq x \leqq 2)$　(4) $f(x) = \begin{cases} -4 - x & (-4 \leqq x < 0) \\ 4 - x & (0 \leqq x \leqq 4) \end{cases}$

(5) $f(x) = \begin{cases} x(1+x) & (-1 \leqq x < 0) \\ x(1-x) & (0 \leqq x \leqq 1) \end{cases}$

【問題 5.24】　$f(x)$ に対し，$t = \dfrac{\pi x}{\ell}$ とおくと $f\left(\dfrac{\ell t}{\pi}\right)$ は区間 $[-\pi, \pi]$（周期 2π）の関数となる．このことと問題 5.13 の結果を利用して次の関数のフーリエ級数を求めよ．

(1) $f(x) = x^2 \quad (-1 \leqq x \leqq 1)$　(2) $f(x) = |x| \quad (-\ell \leqq x \leqq \ell)$

(3) $f(x) = \begin{cases} -2 - x & (-2 \leqq x < 0) \\ 2 - x & (0 \leqq x \leqq 2) \end{cases}$

例題 5.14 $f(x) = 1 \ (0 \leqq x \leqq 1)$ のフーリエ正弦級数，
$g(x) = x \ (0 \leqq x \leqq 1)$ のフーリエ余弦級数を求めよ．

「解」　・$f(x)$ のフーリエ正弦級数

$$b_n = 2\int_0^1 \sin n\pi x \, dx = 2\left[-\frac{1}{\pi n}\cos n\pi x\right]_0^1 = \frac{2(1-(-1)^n)}{n\pi}$$

$$f(x) \sim \frac{2}{\pi}\sum_{n=1}^{\infty} \frac{1-(-1)^n}{n} \sin n\pi x \qquad \left(f(x) \sim \frac{4}{\pi}\sum_{n=1}^{\infty} \frac{\sin(2n-1)\pi x}{2n-1}\right)$$

・$g(x)$ のフーリエ余弦級数

$$a_0 = 2\int_0^1 x\,dx = 1$$

$$\begin{aligned} a_n &= 2\int_0^1 x\cos n\pi x\,dx = 2\left\{\left[\frac{1}{n\pi}x\sin n\pi x\right]_0^1 - \frac{1}{n\pi}\int_0^1 \sin n\pi x\,dx\right\} \\ &= 2\left\{\frac{1}{n^2\pi^2}\left[\cos n\pi x\right]_0^1\right\} = \frac{2((-1)^n-1)}{n^2\pi^2} \end{aligned}$$

$$\underline{g(x) \sim \frac{1}{2} + \frac{2}{\pi^2}\sum_{n=1}^{\infty}\frac{(-1)^n-1}{n^2}\cos n\pi x} \qquad \left(g(x) \sim \frac{1}{2} - \frac{4}{\pi^2}\sum_{n=1}^{\infty}\frac{\cos(2n-1)\pi x}{(2n-1)^2}\right)$$

【問題 5.25】 次の関数のフーリエ正弦級数を求めよ．

(1) $f(x) = 1\ (0 \leqq x \leqq 2)$　　(2) $f(x) = \begin{cases} 1 & (0 \leqq x \leqq 1/2) \\ -1 & (1/2 < x \leqq 1) \end{cases}$

(3) $f(x) = \begin{cases} x & (0 \leqq x \leqq 1) \\ 2-x & (1 < x \leqq 2) \end{cases}$

【問題 5.26】 次の関数のフーリエ余弦級数を求めよ．

(1) $f(x) = \begin{cases} 1 & (0 \leqq x \leqq 1/2) \\ 0 & (1/2 < x \leqq 1) \end{cases}$　　(2) $f(x) = \begin{cases} x & (0 \leqq x \leqq 1) \\ 2-x & (1 < x \leqq 2) \end{cases}$

【フーリエ級数が表す関数】　$f(a+0) = \lim_{x\to a+0} f(x)$, $f(a-0) = \lim_{x\to a-0} f(x)$

【定理 5.12】 [ディリクレ−ジョルダン（**Dirichlet-Jordan**）の収束定理]

$f(x)$ が $[-\ell, \ell]$ で区分的に C^1 級のとき，$f(x)$ のフーリエ級数は

$$\tilde{f}(x) = \begin{cases} \dfrac{1}{2}\{f(x+0)+f(x-0)\} & (\,-\ell < x < \ell\,) \\ \dfrac{1}{2}\{f(-\ell+0)+f(\ell-0)\} & (\,x = \pm\ell\,) \end{cases}$$

に等しい：

$$\boxed{\tilde{f}(x) = \frac{a_0}{2} + \sum_{n=1}^{\infty}\left(a_n\cos\frac{n\pi x}{\ell} + b_n\sin\frac{n\pi x}{\ell}\right)}$$

・　$\tilde{f}(\pm\ell)$ について，$f(x)$ が $x = \pm\ell$ で連続で $f(-\ell) = f(\ell)$ のとき

$$\frac{1}{2}\{f(-\ell+0)+f(\ell-0)\} = f(-\ell) = f(\ell)$$

【フーリエ展開】　$f(x)$ がそのフーリエ級数に等しいとき **フーリエ展開可能** であるといい，その等式表現をフーリエ展開という．

$$f(x) = \frac{a_0}{2} + \sum_{n=1}^{\infty}\left(a_n \cos\frac{n\pi x}{\ell} + b_n \sin\frac{n\pi x}{\ell}\right) \quad f(x) \text{ の } \textbf{フーリエ展開}$$

＊　不連続点，端点での値を修正した $\widetilde{f}(x)$ はフーリエ展開可能．

【定理 5.13】　$f(x)$ が $[-\ell, \ell]$ で連続かつ区分的に C^1 級で $f(-\ell) = f(\ell)$（区分的 C^1 級で $\boldsymbol{R}$ 上の周期関数として連続）のとき　フーリエ展開可能：

$$f(x) = \frac{a_0}{2} + \sum_{n=1}^{\infty}\left(a_n \cos\frac{n\pi x}{\ell} + b_n \sin\frac{n\pi x}{\ell}\right)$$

例題 5.15　$f(x) = x \ (-1 \leqq x \leqq 1)$ のフーリエ級数が表す関数を求めよ．

「解」　$f(x)$ は $[-1, 1]$ で連続かつ C^1 級であるが，$f(1) \neq f(-1)$ より

$f(x)$ のフーリエ級数が表す関数は　$\widetilde{f}(x) = \begin{cases} x & (|x| < 1) \\ 0 & (x = \pm 1) \end{cases}$

【問題 5.27】　次の関数のフーリエ級数が表す関数を求めよ．

(1) $f(x) = |x| \quad (-2 \leqq x \leqq 2)$　　(2) $f(x) = \begin{cases} -1 & (-1 \leqq x < 0) \\ 1 & (0 \leqq x \leqq 1) \end{cases}$

(3) $f(x) = \begin{cases} 0 & (-1 \leqq x < 0) \\ 1 & (0 \leqq x \leqq 1) \end{cases}$　　(4) $f(x) = e^x \quad (-1 \leqq x \leqq 1)$

【問題 5.28】　次の関数がフーリエ展開可能である理由を述べよ．また，(1) はフーリエ展開も求めよ．

(1) $f(x) = x^2 \ (-1 \leqq x \leqq 1)$　　(2) $f(x) = x^4 + 1 \ (-2 \leqq x \leqq 2)$

その他の定理も同様．

【定理 5.14】　[パーセバル（**Parseval**）の等式]

$$\frac{1}{2}a_0^2 + \sum_{n=1}^{\infty}(a_n^2 + b_n^2) = \frac{1}{\ell}\int_{-\ell}^{\ell} f(x)^2 dx$$

（補足）【一般の区間の場合のフーリエ級数】（区間 $[\alpha,\ \alpha+2\ell]$，周期 2ℓ）

$$f(x) \sim \frac{a_0}{2} + \sum_{n=1}^{\infty}\left(a_n \cos\frac{n\pi x}{\ell} + b_n \sin\frac{n\pi x}{\ell}\right) \qquad \text{フーリエ級数}$$

フーリエ係数

$$\left(a_0 = \frac{1}{\ell}\int_{\alpha}^{\alpha+2\ell} f(x)\,dx\right)$$

$$a_n = \frac{1}{\ell}\int_{\alpha}^{\alpha+2\ell} f(x)\cos\frac{n\pi x}{\ell}\,dx \ \ (n=0,1,2,...)$$

$$b_n = \frac{1}{\ell}\int_{\alpha}^{\alpha+2\ell} f(x)\sin\frac{n\pi x}{\ell}\,dx \ \ (n=1,2,...)$$

【複素フーリエ級数】（区間 $[-\pi,\pi]$，周期 2π）

e^{inx} を用いるとシンプルに表現できる．

$$f(x) \sim \sum_{n=-\infty}^{\infty} c_n e^{inx} \quad \cdots \quad \text{複素フーリエ級数}$$

$$c_n = \frac{1}{2\pi}\int_{-\pi}^{\pi} f(x)e^{-inx}\,dx \quad \cdots \quad \text{複素フーリエ係数}$$

・
$$\sum_{n=-\infty}^{\infty} c_n e^{inx} = c_0 + c_1 e^{ix} + c_2 e^{2ix} + c_3 e^{3ix} + \cdots$$
$$+ c_{-1}e^{-ix} + c_{-2}e^{-2ix} + c_{-3}e^{-3ix} + \cdots$$

ex.　$f(x) = x\ (-\pi \leqq x \leqq \pi)$ について　$x \sim \sum_{n\neq 0} \frac{(-1)^n i}{n} e^{inx}$

【複素フーリエ級数】（区間 $[-\ell,\ell]$，周期 2ℓ）

$$f(x) \sim \sum_{n=-\infty}^{\infty} c_n e^{in\pi x/\ell} \quad \cdots \quad \text{複素フーリエ級数}$$

$$c_n = \frac{1}{2\ell}\int_{-\ell}^{\ell} f(x)e^{-in\pi x/\ell}\,dx \quad \cdots \quad \text{複素フーリエ係数}$$

【フーリエ級数からフーリエ変換へ】

区間 $[-\ell,\ell]$ で関数 $f_\ell(x)$ （周期 2ℓ の周期関数）のフーリエ級数は

$$f_\ell(x) \sim \frac{a_0}{2} + \sum_{n=1}^{\infty}(a_n \cos w_n x + b_n \sin w_n x) \qquad \left(w_n = \frac{n\pi}{\ell}\right)$$

フーリエ係数を積分で表し，$\Delta w_n = \dfrac{\pi}{\ell}\ (= w_{n+1} - w_n)$ とおくと

$$f_\ell(x) \sim \frac{1}{2\ell}\int_{-\ell}^{\ell} f_\ell(t)\,dt$$
$$+\frac{1}{\pi}\sum_{n=1}^{\infty}\Big(\cos w_n x\int_{-\ell}^{\ell} f_\ell(t)\cos w_n t\,dt + \sin w_n x\int_{-\ell}^{\ell} f_\ell(t)\sin w_n t\,dt\Big)\Delta w_n$$

$f(x) = \lim\limits_{\ell\to\infty} f_\ell(x)$ の存在と $\displaystyle\int_{-\infty}^{\infty} |f(x)|\,dx < \infty$ を仮定し，$\ell \to \infty$ とすると第 1 項は 0 に収束し，残りの部分をリーマン和の極限と考えると次式を得る．これを $f(x)$ のフーリエ積分という．

$$f(x) \sim \int_0^{\infty}(A(w)\cos wx + B(w)\sin wx)\,dw \quad \cdots \quad \text{フーリエ積分}$$

ここで，$A(w) = \dfrac{1}{\pi}\displaystyle\int_{-\infty}^{\infty} f(t)\cos wt\,dt$，$B(w) = \dfrac{1}{\pi}\displaystyle\int_{-\infty}^{\infty} f(t)\sin wt\,dt$

$f(x)$ が連続，（すべての有限区間で）区分的に C^1 級で，$\displaystyle\int_{-\infty}^{\infty} |f(x)|\,dx < \infty$ のとき，次式が成り立つ．

$$f(x) = \int_0^{\infty}(A(w)\cos wx + B(w)\sin wx)\,dw \quad \cdots \quad \text{フーリエ積分表示}$$

不連続点がある場合，左辺は $\dfrac{1}{2}\Big(f(x+0) + f(x-0)\Big)$ となる．

また，複素フーリエ級数で同様の変形を行うと

$$f(x) \sim \frac{1}{\sqrt{2\pi}}\int_{-\infty}^{\infty} \varphi(w)e^{iwx}\,dw\,,\quad \varphi(w) = \frac{1}{\sqrt{2\pi}}\int_{-\infty}^{\infty} e^{-iwx} f(x)\,dx$$

この $\varphi(w)$ が次節のフーリエ変換である．

5.7 フーリエ変換

関数 $f(x)$ が区分的に連続で $\displaystyle\int_{-\infty}^{\infty} |f(x)|\,dx < \infty$ を満たすとき，次式で定まる変換（関数から関数への対応）をそれぞれ**フーリエ変換**，**フーリエ逆変換**という．

$$\widehat{f}(w) = \mathcal{F}[f](w) = \frac{1}{\sqrt{2\pi}} \int_{-\infty}^{\infty} e^{-ixw} f(x)\,dx \qquad \text{フーリエ変換}$$

$$\mathcal{F}^{-1}[g](x) = \frac{1}{\sqrt{2\pi}} \int_{-\infty}^{\infty} e^{ixw} g(w)\,dw \qquad \text{フーリエ逆変換}$$

・ フーリエ変換の記号は $\widehat{f}$ と $\mathcal{F}[f]$ の 2 種類併用．

・ フーリエ変換の定義は $\displaystyle\widehat{f}(w) = \mathcal{F}[f](w) = \int_{-\infty}^{\infty} e^{-ixw} f(x)\,dx$ とすることもある．そのときフーリエ逆変換は $\displaystyle\mathcal{F}^{-1}[g](x) = \frac{1}{2\pi} \int_{-\infty}^{\infty} e^{ixw} g(w)\,dw$

例題 5.16 $f(x) = e^{-x^2/2}$ のフーリエ変換 $\mathcal{F}[f](w)$ を計算せよ．

「略解」

$$\begin{aligned}
\mathcal{F}[f](w) &= \frac{1}{\sqrt{2\pi}} \int_{-\infty}^{\infty} e^{-ixw} e^{-x^2/2}\,dx \\
&= \frac{1}{\sqrt{2\pi}} e^{-w^2/2} \int_{-\infty}^{\infty} e^{-(x+iw)^2/2}\,dx \\
&= \frac{1}{\sqrt{2\pi}} e^{-w^2/2} \int_{-\infty}^{\infty} e^{-x^2/2}\,dx \\
&\qquad\qquad \text{(Cauchy の積分定理より経路を実軸に変更)} \\
&= e^{-w^2/2}
\end{aligned}$$

【問題 5.29】 次の関数のフーリエ変換 $\mathcal{F}[f](w)$ を計算せよ．

(1) $f(x) = \begin{cases} 1 & (-1 \leqq x \leqq 1) \\ 0 & (|x| > 1) \end{cases}$

(2) $f(x) = \begin{cases} -1 & (-1 \leqq x < 0) \\ 1 & (0 \leqq x \leqq 1) \\ 0 & (|x| > 1) \end{cases}$

(3) $f(x) = \begin{cases} e^{-x} & (x \geqq 0) \\ 0 & (x < 0) \end{cases}$

(4) $f(x) = \begin{cases} x & (-1 \leqq x \leqq 1) \\ 0 & (|x| > 1) \end{cases}$

【定理 5.15】 [フーリエ変換の性質]

(1) 線形性（α, β は定数）

$$\mathcal{F}[\alpha f+\beta g](w)=\alpha\mathcal{F}[f](w)+\beta\mathcal{F}[g](w) \qquad \left(\ \widehat{\alpha f+\beta g}=\alpha\widehat{f}+\beta\,\widehat{g}\ \right)$$

(2) 反転公式

$f(x)$ が $\boldsymbol{R}$ で連続のとき

$$\mathcal{F}^{-1}[\mathcal{F}[f]](x)=f(x) \qquad \left(\mathcal{F}^{-1}[\widehat{f}\,]=f(x)\right)$$

一般には，　$\mathcal{F}^{-1}[\mathcal{F}[f]](x)=\dfrac{1}{2}(f(x+0)+f(x-0))$

(3) 導関数

$$\mathcal{F}[f'](w)=(iw)\,\mathcal{F}[f](w) \qquad \left(\ \widehat{f'}=(iw)\,\widehat{f}\ \right)$$

$$\mathcal{F}[(-ix)f](w)=\frac{d}{dw}\mathcal{F}[f](w) \qquad \left(\ \widehat{(-ix)f}=\left(\widehat{f}(w)\right)'\ \right)$$

$$\mathcal{F}[f^{(m)}](w)=(iw)^m\,\mathcal{F}[f](w) \qquad \left(\ \widehat{f^{(m)}}=(iw)^m\,\widehat{f}\ \right)$$

$$\mathcal{F}[(-ix)^m f](w)=\frac{d^m}{dw^m}\,\mathcal{F}[f](w) \qquad \left(\ \widehat{(-ix)^m f}\ =(\widehat{f}\ )^{(m)}\right)$$

（ m：自然数）

(4) 平行移動　　$\mathcal{F}[f(x-a)](w)=e^{-iaw}\,\mathcal{F}[f](w)$

$$\mathcal{F}[e^{iax}f(x)](w)=\mathcal{F}[f](w-a)$$

$f(x)$ が $\boldsymbol{R}$ で連続のとき

$$\mathcal{F}^{-1}[e^{-iaw}\,\widehat{f}(w)\,]=f(x-a)\quad,\quad \mathcal{F}^{-1}[\widehat{f}(w-a)\,]=e^{iax}f(x)$$

(5) 拡大　　$\mathcal{F}[f(ax)](w)=\dfrac{1}{|a|}\mathcal{F}[f]\left(\dfrac{w}{a}\right)$ 　（$a\neq 0$）

$f(x)$ が $\boldsymbol{R}$ で連続のとき　$\mathcal{F}^{-1}[\widehat{f}(aw)\,]=\dfrac{1}{|a|}f\left(\dfrac{x}{a}\right)$

(6) 合成積

$$\mathcal{F}[f*g](w)=\sqrt{2\pi}\,\mathcal{F}[f](w)\mathcal{F}[g](w) \qquad \left(\ \widehat{f*g}=\sqrt{2\pi}\ \widehat{f}\,\widehat{g}\ \right)$$

$$\mathcal{F}[fg](w)=\frac{1}{\sqrt{2\pi}}(\mathcal{F}[f]*\mathcal{F}[g])(w) \qquad \left(\ \widehat{fg}=\frac{1}{\sqrt{2\pi}}\ \widehat{f}*\widehat{g}\ \right)$$

ここで，$(f*g)(x)=\displaystyle\int_{-\infty}^{\infty}f(x-y)g(y)\,dy$　$\cdots$　f,g の合成積

f,g が $\boldsymbol{R}$ で連続のとき

$$\mathcal{F}^{-1}[\widehat{f}\,\widehat{g}\,]=\frac{1}{\sqrt{2\pi}}\,(f*g)(x)\,,\quad \mathcal{F}^{-1}[\widehat{f}*\widehat{g}\,]=\sqrt{2\pi}\,f(x)g(x)$$

(7) プランシュレル (Plancherel) の等式

$$\int_{-\infty}^{\infty} \left|f(x)\right|^2 dx = \int_{-\infty}^{\infty} \left|\mathcal{F}[f](w)\right|^2 dw \qquad ただし \int_{-\infty}^{\infty} \left|f(x)\right|^2 dx < \infty$$

例題 5.17 問題 5.29 (1) の結果を用いて次の関数のフーリエ変換を求めよ：

$$g(x) = \begin{cases} x & (-1 \leqq x \leqq 1) \\ 0 & (|x| > 1) \end{cases} \qquad \text{（問題 5.29(4) の別解）}$$

「解」 問題 5.29 (1) の $f(x)$ について $g(x) = xf(x)$, $\widehat{f}(w) = \sqrt{\dfrac{2}{\pi}}\,\dfrac{\sin w}{w}$

定理 5.15 (3) より $\widehat{g}(w) = i\,\dfrac{d}{dw}\widehat{f}(w) = i\sqrt{\dfrac{2}{\pi}}\,\dfrac{w\cos w - \sin w}{w^2}$

【問題 5.30】 次の関数のフーリエ変換を指定された問題の結果を利用して求めよ．

(1) $g(x) = \begin{cases} |x| & (-1 \leqq x \leqq 1) \\ 0 & (|x| > 1) \end{cases}$ （問題 5.29 (2) を利用）

(2) $g(x) = xe^{-x^2/2}$ （例題 5.16 を利用）

(3) $g(x) = x^2 e^{-x^2/2}$ （例題 5.16 を利用）

(4) $g(x) = e^{-x^2}$ （例題 5.16 を利用）

(5) $g(x) = \begin{cases} x-1 & (0 \leqq x \leqq 2) \\ 0 & (x < 0,\ 2 < x) \end{cases}$ （例題 5.17 を利用）

【問題 5.31】 問題 5.29 (1) の結果を利用して

$$\int_0^{\infty} \frac{\sin^2 x}{x^2}\,dx = \frac{\pi}{2}$$ を示せ．（広義積分が収束することは認めてよい）

【フーリエ正弦変換，フーリエ余弦変換】

関数 $f(x)$ が偶関数や奇関数の場合，次のような変換が利用される：

$$\widehat{f_s}(w) = \mathcal{F}_s[f](w) = \sqrt{\frac{2}{\pi}}\int_0^{\infty} f(x)\sin wx\,dx \qquad \textbf{フーリエ正弦変換}$$

$$\mathcal{F}_s^{-1}[f](x) = \sqrt{\frac{2}{\pi}}\int_0^{\infty} f(w)\sin wx\,dw \qquad \textbf{フーリエ正弦逆変換}$$

$$\widehat{f}_c(w) = \mathcal{F}_c[f](w) = \sqrt{\frac{2}{\pi}} \int_0^{\infty} f(x) \cos wx \, dx$$ フーリエ余弦変換

$$\mathcal{F}_c^{-1}[f](x) = \sqrt{\frac{2}{\pi}} \int_0^{\infty} f(w) \cos wx \, dw$$ フーリエ余弦逆変換

*　$f(x)$ が奇関数のとき　$\boxed{\mathcal{F}[f](w) = (-i)\,\mathcal{F}_s[f](w)}$

　$f(x)$ が偶関数のとき　$\boxed{\mathcal{F}[f](w) = \mathcal{F}_c[f](w)}$

・　フーリエ級数と同様に，$f(x)$ が $x \geqq 0$ のみで定義されるとき「フーリエ正弦変換」は奇関数拡張，「フーリエ余弦変換」は偶関数拡張に対応している．

例題 5.18 $f(x) = \begin{cases} 1 & (0 \leqq x \leqq 1) \\ 0 & (x > 1) \end{cases}$ のフーリエ正弦変換，フーリエ余弦変換を求めよ．これらを用いて問題 5.29 (1),(2) のフーリエ変換を求めよ．

「解」

$$\mathcal{F}_s[f](w) = \sqrt{\frac{2}{\pi}} \int_0^1 \sin wx \, dx = \sqrt{\frac{2}{\pi}} \frac{1}{w} \Big[-\cos wx \Big]_0^1 = \sqrt{\frac{2}{\pi}} \frac{1-\cos w}{w}$$

$$\mathcal{F}_c[f](w) = \sqrt{\frac{2}{\pi}} \int_0^1 \cos wx \, dx = \sqrt{\frac{2}{\pi}} \frac{1}{w} \Big[\sin wx \Big]_0^1 = \sqrt{\frac{2}{\pi}} \frac{\sin w}{w}$$

5.29(1) は偶関数拡張した関数だから　$\mathcal{F}_c[f](w) = \sqrt{\frac{2}{\pi}} \frac{\sin w}{w}$

5.29(2) は奇関数拡張した関数だから　$-i\,\mathcal{F}_s[f](w) = \sqrt{\frac{2}{\pi}} \frac{\cos w - 1}{w}\, i$

【問題 5.32】　次の問いに答えよ．

(1) $f(x) = \begin{cases} x & (0 \leqq x \leqq 1) \\ 0 & (x > 1) \end{cases}$ のフーリエ正弦変換，フーリエ余弦変換を求めよ．

(2) $f(x) = e^{-x}$ $(x \geqq 0)$ のフーリエ正弦変換，フーリエ余弦変換を求めよ．

(3) (1) の結果を用いて，問題 5.29 (4), 問題 5.30 (1) のフーリエ変換を求めよ．

(4) (2) の結果を用いて，問題 5.29 (3) のフーリエ変換を求めよ．

・　与えられた $f(x)$ に対し，$f(x) = \dfrac{f(x)+f(-x)}{2} + \dfrac{f(x)-f(-x)}{2}$ と変形すると「偶関数」＋「奇関数」の形にできる．

5.8　フーリエ解析の応用例

【偏微分方程式への応用例】（フーリエ級数　→　1 次元熱方程式）

針金など 1 次元的に扱うことができる物体の熱伝導を考える．

「設定」　$u(t,x)$：点 x での時刻 t での温度（$0 \leqq x \leqq \ell$, $t \geqq 0$）
c^2 $(c>0)$ ：熱拡散率（定数）
初期状態（ $t=0$ での温度分布）$f(x)$ （区分的に C^1 級で連続）
端点 $x=0,\ell$ では温度 0 に保たれている．
$u(t,x)$ は定数関数 0 ではないとする．

このとき，以下の条件を満たす関数 $u=u(t,x)$ を求めることになる．

$$\frac{\partial u}{\partial t} = c^2 \frac{\partial^2 u}{\partial x^2} \qquad \cdots(1) \qquad \text{熱方程式}$$

$$u(0,x) = f(x) \qquad \cdots(2) \qquad \text{初期条件}$$

$$u(t,0) = u(t,\ell) = 0 \ \ (t \geqq 0) \qquad \cdots(3) \qquad \text{境界条件}$$

Step1（フーリエの変数分離法）

$u(t,x)=F(t)G(x)$ とおいて (1) を使う．

$$F'(t)G(x) = c^2 F(t)G''(x) \qquad \left(F'(t) = \frac{dF}{dt}\ ,\ G''(x) = \frac{d^2 G}{dx^2}\right)$$

$$\frac{F'(t)}{c^2 F(t)} = \frac{G''(x)}{G(x)} = k \qquad \text{（定数）}$$

$k \geqq 0$ のとき $u(t,x)=0$（定数関数）$\cdots$　($\sharp$)　より $k<0$

$k=-\lambda^2$ $(\lambda>0)$ とする．

$F'(t) = -c^2\lambda^2 F(t)$　より　$F(t) = Ce^{-c^2\lambda^2 t}$

$G''(x) + \lambda^2 G(x) = 0$　より　$G(x) = A\cos\lambda x + B\sin\lambda x$

CA, CB をそれぞれ A, B とおき直して

$$\underline{u(t,x) = e^{-c^2\lambda^2 t}(A\cos\lambda x + B\sin\lambda x)}$$

Step2（境界条件）　境界条件 (3) を使う．

$$u(t,0) = Ae^{-c^2\lambda^2 t} = 0 \quad \text{より} \quad A = 0$$
$$u(t,\ell) = Be^{-c^2\lambda^2 t}\sin\lambda\ell = 0 \text{ より } \sin\lambda\ell = 0 \quad \lambda = \frac{n\pi}{\ell} \ (n = 1, 2, 3, ...)$$

したがって，$\underline{u(t,x) = Be^{-c^2n^2\pi^2t/\ell^2}\sin\frac{n\pi x}{\ell} \ (n = 1, 2, 3, ...)}$

Step3（初期条件）　初期条件 (2) を使う．フーリエ級数を利用．

$$u_n(t,x) = B_n e^{-c^2n^2\pi^2t/\ell^2}\sin\frac{n\pi x}{\ell} \ (n = 1, 2, 3, ...)$$

$$u(t,x) = \sum_{n=1}^{\infty} B_n e^{-c^2n^2\pi^2t/\ell^2}\sin\frac{n\pi x}{\ell}$$ とおく．

初期条件 (2) より　$u(0,x) = \sum_{n=1}^{\infty} B_n \sin\frac{n\pi x}{\ell} = f(x)$

これは $f(x)$ の周期 2ℓ のフーリエ展開だから，B_n はフーリエ係数．

定数項および $\cos\frac{n\pi x}{\ell}$ の係数が 0 だから $[-\ell,\ell]$ で奇関数拡張する．

（$\sum_{n=1}^{\infty} B_n \sin\frac{n\pi x}{\ell}$ を自然に $[-\ell,\ell]$ に拡張すると奇関数）

$$\underline{B_n = \frac{2}{\ell}\int_0^{\ell} f(x)\sin\frac{n\pi x}{\ell}\,dx \ (n = 1, 2, 3, ...)}$$

以上より，(1), (2), (3) を満たす関数（初期境界値問題の解）は

$$u(t,x) = \sum_{n=1}^{\infty} B_n e^{-c^2n^2\pi^2t/\ell^2}\sin\frac{n\pi x}{\ell}$$
$$B_n = \frac{2}{\ell}\int_0^{\ell} f(x)\sin\frac{n\pi x}{\ell}\,dx \ (n = 1, 2, 3, ...)$$

【問題 5.33】　Step1 の ($\sharp$) を示せ．

【問題 5.34】　次の初期境界値問題の解を求めよ．

$u = u(t,\ x)$　，$(x \in [0,1], t \geqq 0)$

$\frac{\partial u}{\partial t} = c^2\frac{\partial^2 u}{\partial x^2}$　$\cdots(1)$　熱方程式

$u(0,\ x) = x(1-x)$　$\cdots(2)$　初期条件

$u(t,\ 0) = u(t,\ 1) = 0 \ \ (t \geqq 0)$　$\cdots(3)$　境界条件

（補）対象が異なるだけで「拡散方程式」も熱方程式と同種の偏微分方程式．

【偏微分方程式への応用例】（フーリエ変換→1次元波動方程式，無限区間）

無限の長さの弦の振動，区間 $(-\infty, \infty)$ で考える．

T ：水平方向の張力，ρ：密度（いずれも正定数），$c = \sqrt{T/\rho}$

$u(t,x)$ ：時刻 t ，位置 x での変位

$$x \in (-\infty, \infty)\ ,\ t \in [0, \infty)$$

$$\frac{\partial^2 u}{\partial t^2} = c^2 \frac{\partial^2 u}{\partial x^2} \quad (t > 0) \qquad \cdots (1) \qquad \text{波動方程式}$$

$$u(0,x) = f(x) \qquad \cdots (2) \qquad \text{初期条件 1}$$

$$\frac{\partial u}{\partial t}(0,x) = g(x) \qquad \cdots (3) \qquad \text{初期条件 2}$$

$u(t,x)$ を x だけに着目してフーリエ変換を利用．$\widehat{u} = \widehat{u}(t,w)$

$$\frac{\partial^2 \widehat{u}}{\partial t^2} = -c^2 w^2 \widehat{u} \quad \cdots \ (\sharp\, 1)$$

これを解いて　$\widehat{u} = C_1(w)\cos(cwt) + C_2(w)\sin(cwt)$

初期条件 1 より　$\widehat{u}(0,w) = C_1(w) = \widehat{f}$

初期条件 2 より　$\widehat{u}_t(0,w) = cwC_2(w) = \widehat{g}$

$$\widehat{u} = \widehat{f}\cos(cwt) + \widehat{g}\,\frac{\sin(cwt)}{cw}$$

フーリエ逆変換より

$$u(t,x) \quad = \mathcal{F}^{-1}[\widehat{f}\cos(cwt)](t,x) + \mathcal{F}^{-1}\left[\widehat{g}\,\frac{\sin(cwt)}{cw}\right](t,x)$$

$$\mathcal{F}^{-1}[\widehat{f}\cos(cwt)] = \frac{1}{2}\left(\mathcal{F}^{-1}[\widehat{f}\,exp(cwt\,i)] + \mathcal{F}^{-1}[\widehat{f}\,exp(-cwt\,i)]\right) \quad \text{より}$$

$$\mathcal{F}^{-1}[\widehat{f}\cos(cwt)] = \frac{f(x+ct) + f(x-ct)}{2} \qquad \cdots \ (\sharp\, 2)$$

また，【問題 5.29】(1) の結果より $h(x) = \begin{cases} \sqrt{\dfrac{\pi}{2}}\,\dfrac{1}{c} & (|x| \leqq ct) \\ 0 & (|x| > ct) \end{cases}$

とおくと

$$\mathcal{F}^{-1}\left[\widehat{g}\,\frac{\sin(cwt)}{cw}\right] = \frac{1}{\sqrt{2\pi}}(g * h)(x) = \frac{1}{2c}\int_{x-ct}^{x+ct} g(s)\,ds \qquad \cdots \ (\sharp\, 3)$$

したがって，初期値問題の解は

$$\underline{u(t,x) = \frac{f(x+ct)+f(x-ct)}{2} + \frac{1}{2c}\int_{x-ct}^{x+ct} g(s)\,ds}$$

＊　この解の公式を「ダランベール（d'Alembert）の公式」(または「ストークス（Stokes）解」) という.

【問題 5.35】 ($\sharp$ 1) , ($\sharp$ 2) , ($\sharp$ 3) を定理 5.15 を利用して示せ
（または，説明せよ）.

【問題の答えまたはヒント】

【第1章】

【1.1】(1) $2+4i$　(2) $6-2i$　(3) $4-i$　(4) $6+3i$　(5) $1+5i$　(6) $5i$
(7) $5+12i$　(8) $\dfrac{(4+5i)(3-i)}{(3+i)(3-i)} = \dfrac{17+11i}{10}$　(9) $\dfrac{7+6i}{17}$　(10) $32i$

【1.2】(1) $5-3i$　(2) $(3+2i)(1-i)=5-i$　(3) $(2+i)(1-i)=3-i$

【1.3】(1) $\mathrm{Re}\, z=3$, $\mathrm{Im}\, z=5$　(2) $\mathrm{Re}\, z=0$, $\mathrm{Im}\, z=2$　(3) $\mathrm{Re}\, z=5$, $\mathrm{Im}\, z=-1$
(4) $\mathrm{Re}\, z=-1$, $\mathrm{Im}\, z=3$　(5) $\mathrm{Re}\, z=0$, $\mathrm{Im}\, z=-2$　(6) $\mathrm{Re}\, z=\dfrac{3}{10}$, $\mathrm{Im}\, z=\dfrac{1}{10}$

【1.4】$z=x+iy$ とおくと，$\dfrac{z+\overline{z}}{2} = \dfrac{(x+iy)+(x-iy)}{2} = x = \mathrm{Re}\, z$.
また，$\dfrac{z-\overline{z}}{2i} = \dfrac{(x+iy)-(x-iy)}{2i} = y = \mathrm{Im}\, z$.

【1.5】$z=x+yi$ とすると，$\bar{z}=x-yi$ である．$\bar{z}=z$ のとき，$x-yi=x+yi$ であるので，$2yi=0$ である．よって $y=0$．すなわち，z は実数である．

【1.6】図は略．(1) $|z|=\sqrt{34}$　(2) $|z|=\sqrt{17}$　(3) $|z|=\sqrt{13}$　(4) $|z|=5$
(5) $|z|=2\sqrt{5}$　(6) $|z|=\sqrt{10}$　(7) $|z|=2\sqrt{5}$　(8) $|z|=10$

【1.7】(1) $\sqrt{2}e^{-\frac{\pi}{4}i}$　(2) $2e^{\frac{2}{3}\pi i}$　(3) $2\sqrt{3}e^{\frac{\pi}{6}i}$　(4) $5e^{-\frac{\pi}{2}i}$　(5) $3e^{\pi i}$
(6) $\sqrt{13}e^{i\theta}$,　ただし，$\theta=\cos^{-1}\dfrac{3}{\sqrt{13}}$

【1.8】(1) $1+\sqrt{3}i$　(2) $-i$　(3) $-\dfrac{\sqrt{10}}{2}+\dfrac{\sqrt{10}}{2}i$　(4) -2
(5) $2\sqrt{2}+2\sqrt{2}i$　(6) $2\cos 1+2i\sin 1$

【1.9】$|z^{20}|=|z|^{20}=(\sqrt{2})^{20}=1024$

【1.10】$z=x+yi$ とすると，$\mathrm{Re}\, z=x$ である．$|z|=\sqrt{x^2+y^2} \geqq \sqrt{x^2}=|x|=|\mathrm{Re}\, z|$ であるから，$|z| \geqq \mathrm{Re}\, z$ が成り立つ．$\mathrm{Im}\, z$ も同様に示せる．

【1.11】$\overline{z}=re^{-i\theta}$

【1.12】(1) $-\dfrac{1}{\sqrt{2}}+\dfrac{1}{\sqrt{2}}i$　(2) $\dfrac{1}{2}-\dfrac{\sqrt{3}}{2}i$　(3) $-\dfrac{1}{2}-\dfrac{\sqrt{3}}{2}i$　(4) -1
(5) $-\dfrac{1}{2}+\dfrac{\sqrt{3}}{2}i$

【1.13】(1) $-\dfrac{\pi}{4}$　(2) $-\dfrac{2\pi}{3}$　(3) $\dfrac{\pi}{2}$　(4) 0　(5) $-\dfrac{3\pi}{4}$　(6) $-\dfrac{\pi}{4}$　(7) $\dfrac{5\pi}{6}$

【1.14】$z=\sqrt{2}\left(\dfrac{1}{\sqrt{2}}+i\dfrac{1}{\sqrt{2}}\right)=\sqrt{2}e^{\frac{\pi}{4}i}$, $w=\sqrt{2}\left(-\dfrac{1}{\sqrt{2}}+i\dfrac{1}{\sqrt{2}}\right)=\sqrt{2}e^{\frac{3\pi}{4}i}$ より
(1) $\mathrm{Arg}\, z=\dfrac{\pi}{4}$　(2) $\mathrm{Arg}\, w=\dfrac{3\pi}{4}$　(3) $\mathrm{Arg}\,(zw)=\pi$　(4) $\mathrm{Arg}\, \dfrac{w}{z}=\dfrac{\pi}{2}$
(5) $\mathrm{Arg}\,(z^2w)=-\dfrac{3}{4}\pi$　(6) $\mathrm{Arg}\, \dfrac{w^5}{z^4}=\dfrac{3}{4}\pi$

【1.15】$z = re^{i\theta} \quad (r > 0)$ とおくと，$z^4 = r^4 e^{4i\theta}$ である．よって $z^4 = 1$ であるためには $r^4 = 1,\ 4\theta = 2n\pi \ \ (n \in \boldsymbol{Z})$ であればよい．よって，$r = 1$，$\theta = \dfrac{n}{2}\pi$ である．したがって，$z = \pm 1,\ \pm i$

【1.16】(1) $z = 2e^{\frac{\pi}{3}i}$，$w = \sqrt{2}e^{-\frac{\pi}{4}i}$　(2) $z^{10} = -512 - 512\sqrt{3}i$，$w^{10} = -32i$

【1.17】$z = \dfrac{3 \pm \sqrt{3}}{2} + i\dfrac{1 \mp 3\sqrt{3}}{2}$

【1.18】(1) $1 - 3i$　(2) $\sqrt{13} + 2$　(3) $2 + i$

【1.19】(1) $u(x,y) = \dfrac{x}{x^2+y^2},\ v(x,y) = -\dfrac{y}{x^2+y^2}$

(2) $u(x,y) = 5x,\ v(x,y) = -y$

(3) $u(x,y) = x^3 - 3xy^2,\ v(x,y) = 3x^2y - y^3$　(4) $u(x,y) = x,\ v(x,y) = 0$

(5) $u(x,y) = y,\ v(x,y) = 0$　(6) $u(x,y) = x^2 - y^2 + x,\ v(x,y) = 2xy + y$

(7) $u(x,y) = \dfrac{x^2-y^2}{x^2+y^2},\ v(x,y) = \dfrac{-2xy}{x^2+y^2}$

(8) $u(x,y) = \dfrac{x+1}{(x+1)^2+y^2},\ v(x,y) = \dfrac{-y}{(x+1)^2+y^2}$

(9) $u(x,y) = x^2 + y^2,\ v(x,y) = 0$

【1.20】(1) 3　(2) $\dfrac{1}{2}$　(3) $4i$　(4) 極限値はない．

【1.21】$f'(z) = \displaystyle\lim_{\Delta z \to 0} \frac{(z+\Delta z)^3 - z^3}{\Delta z}$

$= \displaystyle\lim_{\Delta z \to 0} \frac{(z^3 + 3z^2\Delta z + 3z\Delta z^2 + \Delta z^3) - z^3}{\Delta z} = \lim_{\Delta z \to 0}(3z^2 + 3z\Delta z + \Delta z^2) = 3z^2$

【1.22】(1) $f'(z) = 2z + 3$　(2) $f'(z) = 8(2z+3)^3$

(3) $f'(z) = 2z + 1 - \dfrac{1}{z^2}$　(4) $f'(z) = \dfrac{-z^2+1}{(z^2+1)^2}$

【1.23】(1) $\displaystyle\lim_{x \to 0}\lim_{y \to 0} \frac{\mathrm{Re}(x+iy)}{x+iy} = \lim_{x \to 0}\lim_{y \to 0} \frac{x}{x+iy} = \lim_{x \to 0} \frac{x}{x} = 1,$

$\displaystyle\lim_{y \to 0}\lim_{x \to 0} \frac{\mathrm{Re}(x+iy)}{x+iy} = \lim_{y \to 0}\lim_{x \to 0} \frac{x}{x+iy} = \lim_{y \to 0} 0 = 0$

(2) $\displaystyle\lim_{\Delta z \to 0} \frac{\mathrm{Re}(z+\Delta z) - \mathrm{Re}z}{\Delta z} = \lim_{\Delta z \to 0} \frac{\mathrm{Re}z + \mathrm{Re}\Delta z - \mathrm{Re}z}{\Delta z} = \lim_{\Delta z \to 0} \frac{\mathrm{Re}\Delta z}{\Delta z}$ であり，(1) よりこれは極限値をもたない．よって $f(z)$ はすべての点 z で微分可能でない．

【1.24】$u_x = e^x \sin y = v_y$ であり，$u_y = e^x \cos y = -v_x$ である．

【1.25】(1) $u(x,y) = (x+1)^2 - y^2$，$v(x,y) = 2(x+1)y$.

$u_x = v_y = 2(x+1),\ u_y = -v_x = -2y$ より，コーシー・リーマンの方程式を満たす．

(2) $u(x,y) = x^3 - 3xy^2$，$v(x,y) = 3x^2y - y^3$. $u_x = v_y = 3x^2 - 3y^2$,

$u_y = -v_x = -6xy$ より，コーシー・リーマンの方程式を満たす．

(3) $u(x,y) = \dfrac{x}{x^2+y^2}$，$v(x,y) = \dfrac{-y}{x^2+y^2}$. $u_x = v_y = \dfrac{-x^2+y^2}{(x^2+y^2)^2}$,

$u_y = -v_x = \dfrac{-2xy}{(x^2+y^2)^2}$ より，コーシー・リーマンの方程式を満たす．

(4) $u(x,y) = -x,\ v(x,y) = y.\ u_x = -1 \neq v_y = 1$ より，
コーシー・リーマンの方程式を満たさない．

(5) $u(x,y) = x,\ v(x,y) = 0$ である．$u_x = 1 \neq v_y = 0$ より，
コーシー・リーマンの方程式を満たさない．

(6) $u(x,y) = y,\ v(x,y) = 0$ である．$u_y = 1 \neq -v_x = 0$ より，
コーシー・リーマンの方程式を満たさない．

【1.26】(1),(2) 複素平面上すべての点で正則　(3) 原点以外のすべての点で正則
(4), (5), (6) すべての点で正則でない

【1.27】(1) $u_{xx} + u_{yy} = 0 + 0 = 0$ より，調和関数である．
(2) $u_{xx} + u_{yy} = e^x \sin y - e^x \sin y = 0$ より，調和関数である．
(3) $u_{xx} + u_{yy} = 2 + 2 = 4 \neq 0$ より，調和関数でない．
(4) $u_{xx} + u_{yy} = \dfrac{-2x^2+2y^2}{(x^2+y^2)^2} + \dfrac{2x^2-2y^2}{(x^2+y^2)^2} = 0$ より，調和関数である．

【1.28】(1) $v(x,y) = e^x \sin y + C$　(2) $v(x,y) = \dfrac{3}{2}x^2y^2 - \dfrac{1}{4}y^4 - \dfrac{1}{4}x^4 + C$
(3) $v(x,y) = 4x^3y - 4xy^3 + C$

【1.29】(1) $-e$　(2) $\dfrac{e^{-3}\sqrt{3}}{2} + \dfrac{e^{-3}}{2}i$　(3) $\dfrac{1}{\sqrt{2}} - \dfrac{1}{\sqrt{2}}i$　(4) $-e^4 i$
(5) $\dfrac{e^3}{2} + \dfrac{e^3\sqrt{3}}{2}i$　(6) e^3　(7) $-e$　(8) e^4　(9) $-\dfrac{1}{e^2}$

【1.30】(1) $z = x + iy$ とする．$e^{\overline{z}} = e^{x-iy} = e^x(\cos(-y) + i\sin(-y))$
$= e^x(\cos y - i\sin y) = \overline{e^x(\cos y + i\sin y)} = \overline{e^z}$
(2) $z = x + iy$ とすると，$e^z = e^x(\cos y + i\sin y)$ である．x, y は実数であるから
$e^x \neq 0, \cos y + i\sin y \neq 0$ となる．よって $e^z \neq 0$ である．

【1.31】(1) $z = 2n\pi i\ \ (n \in \boldsymbol{Z})$　(2) $z = \ln 3 + 2n\pi i\ \ (n \in \boldsymbol{Z})$
(3) $z = \dfrac{1}{2}\ln 2 + \left(-\dfrac{3}{4} + 2n\right)\pi i\ \ (n \in \boldsymbol{Z})$

【1.32】(1) $u(x,y) = e^x \cos y,\ v(x,y) = e^x \sin y$
(2) $u_x = e^x \cos y,\ u_y = -e^x \sin y,\ v_x = e^x \sin y,\ v_y = e^x \cos y$ であるから，
コーシー・リーマンの方程式 $u_x = v_y$　, $u_y = -v_x$ が成り立つ．

【1.33】(1) $\dfrac{i}{2}(e^3 - e^{-3})$　(2) $\dfrac{1}{2}(e^{-3} + e^3)$　(3) $-\dfrac{i}{2}(e^{-1+i} - e^{1-i})$
(4) $\dfrac{1}{2}(e^{-1+i} + e^{1-i})$　(5) $\dfrac{1}{2}(e^{-2} + e^2)$　(6) $\dfrac{i}{2}(e^{-2} - e^2)$
(7) $\dfrac{i}{2}(e^{2-3i} - e^{-2+3i})$　(8) $\dfrac{1}{2}(e^{-2+3i} + e^{2-3i})$
(9) (1), (2) の結果を使って，$\tan(3i) = \dfrac{\sin(3i)}{\cos(3i)} = \dfrac{e^6 - 1}{e^6 + 1}i$

(10) (5), (6) の結果を使って，$\tan\left(\frac{\pi}{2}+2i\right)=\dfrac{\sin\left(\frac{\pi}{2}+2i\right)}{\cos\left(\frac{\pi}{2}+2i\right)}=\dfrac{e^4+1}{e^4-1}i$

【1.34】(1) $\cos^2 z+\sin^2 z=\left(\dfrac{e^{iz}+e^{-iz}}{2}\right)^2+\left(\dfrac{e^{iz}-e^{-iz}}{2i}\right)^2$

$=\dfrac{e^{2iz}+2+e^{-2iz}}{4}-\dfrac{e^{2iz}-2+e^{-2iz}}{4}=\dfrac{4}{4}=1$

(2)

$$\cos\left(z+\frac{\pi}{2}\right)=\frac{e^{i(z+\frac{\pi}{2})}+e^{-i(z+\frac{\pi}{2})}}{2}=\frac{ie^{iz}-ie^{-iz}}{2}=-\frac{e^{iz}-e^{-iz}}{2i}=-\sin z,$$

$$\sin\left(z+\frac{\pi}{2}\right)=\frac{e^{i(z+\frac{\pi}{2})}-e^{-i(z+\frac{\pi}{2})}}{2i}=\frac{ie^{iz}+ie^{-iz}}{2i}=\frac{e^{iz}+e^{-iz}}{2}=\cos z$$

(3) $2\sin z\cos z=2\dfrac{e^{iz}-e^{-iz}}{2i}\dfrac{e^{iz}+e^{-iz}}{2}=\dfrac{e^{2iz}-e^{-2iz}}{2i}=\sin 2z,$

$\cos^2 z-\sin^2 z=\left(\dfrac{e^{iz}+e^{-iz}}{2}\right)^2-\left(\dfrac{e^{iz}-e^{-iz}}{2i}\right)^2$

$=\dfrac{e^{2iz}+2+e^{-2iz}}{4}+\dfrac{e^{2iz}-2+e^{-2iz}}{4}=\dfrac{e^{2iz}+e^{-2iz}}{2}=\cos 2z$

【1.35】　$\displaystyle\lim_{\Delta z\to 0}\frac{\cos(z+\Delta z)-\cos z}{\Delta z}=\lim_{\Delta z\to 0}\frac{e^{i(z+\Delta z)}+e^{-i(z+\Delta z)}-e^{iz}-e^{-iz}}{2\Delta z}$

$\displaystyle=\lim_{\Delta z\to 0}\frac{e^{i(z+\Delta z)}-e^{iz}}{2\Delta z}+\lim_{\Delta z\to 0}\frac{e^{-i(z+\Delta z)}-e^{-iz}}{2\Delta z}=\frac{1}{2}\left(e^{iz}\right)'+\frac{1}{2}\left(e^{-iz}\right)'$

$=\dfrac{ie^{iz}-ie^{-iz}}{2}=-\dfrac{e^{iz}-e^{-iz}}{2i}=-\sin z$

【1.36】(1) $z=2n\pi i\ \ (n\in\boldsymbol{Z})$　(2) $z=n\pi\ \ (n\in\boldsymbol{Z})$　(3) $z=2n\pi\ \ (n\in\boldsymbol{Z})$

【1.37】(1) $\cos z=\dfrac{e^{i(x+iy)}+e^{-i(x+iy)}}{2}=\dfrac{e^{-y+ix}+e^{y-ix}}{2}$

$=\dfrac{e^{-y}(\cos x+i\sin x)+e^{y}(\cos x-i\sin x)}{2}=\cos x\dfrac{e^y+e^{-y}}{2}-i\sin x\dfrac{e^y-e^{-y}}{2}$

となる．$\sin z$ も同様に示せる．

(2) (1) より，$\cos z$ の虚数部分 $-\dfrac{\sin x(e^y-e^{-y})}{2}=0$ であればよい．

このとき，$y=0$ または $x=n\pi\ \ (n\in\boldsymbol{Z})$ である．

よって z は実数または $z=n\pi+iy$ ($n\in\boldsymbol{Z}$, y は実数) である．

【1.38】(1) $\log 2=\ln 2+2n\pi i$　(2) $\log(-5)=\ln 5+(2n+1)\pi i$

(3) $\log(1+i)=\ln\sqrt{2}+(2n+\frac{1}{4})\pi i$　(4) $\log(2-2\sqrt{3}i)=2\ln 2+\left(2n-\dfrac{1}{3}\right)\pi i$

(5) $\log i=\left(\dfrac{1}{2}+2n\right)\pi i$　(6) $\log 3=\ln 3+2n\pi i$

(7) $\mathrm{Log}\,2 = \ln 2$　(8) $\mathrm{Log}\,(-5) = \ln 5 + \pi i$　(9) $\mathrm{Log}\,(1+i) = \ln\sqrt{2} + \frac{1}{4}\pi i$

(10) $\mathrm{Log}\,(2-2\sqrt{3}i) = 2\ln 2 - \frac{1}{3}\pi i$

【1.39】(1) $\mathrm{Log}\,i = \ln|i| + i\mathrm{Arg}\,i = \frac{\pi}{2}i$

(2) $\mathrm{Log}\,i^3 = \mathrm{Log}\,(-i) = \ln|-i| + i\mathrm{Arg}\,(-i) = -\frac{\pi}{2}i$

(3) $3\mathrm{Log}\,i = \frac{3\pi}{2}i$, $\mathrm{Log}\,i^3 = -\frac{\pi}{2}i$ より，$3\mathrm{Log}\,i \neq \mathrm{Log}\,i^3$ である．

【1.40】(1) $z = e^{\pi i} = -1$　(2) $z = e^{2+\frac{\pi}{2}i} = e^2 i$

(3) $z = e^{\ln 3 + \frac{\pi}{4}i} = 3\left(\frac{1}{\sqrt{2}} + \frac{1}{\sqrt{2}}i\right)$

【1.41】(1) $2+4i$　(2) $e-1+\frac{1}{3}i$　(3) $-\frac{2}{3}+i$　(4) $1+i$　(5) $\frac{1}{4i}(e^{8i}-1)$

(6) 0　(7) $14+2i$　(8) $\frac{2\sqrt{2}-1}{3}i$　【1.42】略

【1.43】(1) $-9i$　(2) $-\frac{1}{2}+3i$　(3) $\frac{\sqrt{2}(1+i)}{2}$　(4) -1　(5) $1+\frac{1}{3}i$

(6) $\frac{\pi}{2}i$　(7) $-\frac{16}{3}$

【1.44】(1) 0　(2) $2\pi i$　(3) $\frac{1-z^3}{1-z} = 1+z+z^2$ であるから，積分値は 0

(4) C: $z(t) = 2e^{it}$ $(0 \leqq t \leqq 2\pi)$ と書ける．

$$\int_C |z|dz = \int_0^{2\pi} 2\cdot 2ie^{it}dt = \left[4e^{it}\right]_0^{2\pi} = 0$$

【1.45】(1), (2), (4), (6), (8)

【1.46】$C_1 : z(t) = t$ $(-1 \leqq t \leqq 1)$,　$C_2 : z(t) = e^{it}$ $(0 \leqq t \leqq \pi)$ である．

(1) $\frac{2}{3}$　(2) $-\frac{2}{3}$　(3) 0　(4) 1　(5) -2　(6) -1

【1.47】$C : z(t) = t + it$　$(0 \leqq t \leqq 1)$ であり，C' は，

$C_1 : z(t) = t$　$(0 \leqq t \leqq 1)$ と $C_2 : z(t) = 1 + it$　$(0 \leqq t \leqq 1)$ に分けられる．

(1) $\int_C \mathrm{Re}\,z\,dz = \frac{1+i}{2}$　(2) $\int_{C'} \mathrm{Re}\,z\,dz = \int_{C_1} \mathrm{Re}\,z\,dz + \int_{C_2} \mathrm{Re}\,z\,dz = \frac{1}{2}+i$

(3) $\int_C \overline{z}\,dz = 1$　(4) $\int_{C'} \overline{z}\,dz = \int_{C_1} \overline{z}\,dz + \int_{C_2} \overline{z}\,dz = 1+i$

【1.48】(1) $8\pi i$　(2) 0　(3) $2\pi i$　(4) $4\pi i$　(5) $4\pi i$　(6) $\pi i e^{-1}$　(7) $-\frac{8}{5}\pi i$

【1.49】(1) $2\pi i$　(2) $2\pi i$　(3) $4\pi i$　(4) $4\pi e^4 i$　(5) $\frac{2\pi i}{27}$　(6) $-\pi(e-e^{-1})$

(7) 0　(8) $\dfrac{1}{2}\pi i$　(9) $-\dfrac{1}{2}\pi i$　(10) 0

【1.50】(1) $f(z) = 1 + 3z + \dfrac{9}{2}z^2 + \dfrac{9}{2}z^3 + \dfrac{27}{8}z^4 + \cdots$　(2) $f(z) = 1 + z^2 + z^4 + \cdots$

(3) $f(z) = z^2 - \dfrac{z^4}{2} + \cdots$　(4) $f(z) = z + 2z^2 + 2z^3 + \dfrac{4}{3}z^4 + \cdots$

(5) $f(z) = (z-1) - (z-1)^2 + (z-1)^3 - (z-1)^4 + \cdots$

(6) $f(z) = 1 - (z-1) + (z-1)^2 - (z-1)^3 + (z-1)^4 + \cdots$

【1.51】(1) $\dfrac{1}{z} + 1 + z^2$　(2) $\dfrac{1}{z^2} + 1$　(3) $\dfrac{2}{z^2} + \dfrac{3}{z} + 1$　(4) $\displaystyle\sum_{n=0}^{\infty} \frac{z^{n-2}}{n!}$

(5) $\displaystyle\sum_{n=0}^{\infty} \frac{3^n z^{n-1}}{n!}$　(6) $\displaystyle\sum_{n=1}^{\infty} \frac{z^{n-3}}{n!}$　(7) $\displaystyle\sum_{n=0}^{\infty} \frac{(-1)^n z^{2n-1}}{(2n+1)!}$　(8) $\displaystyle -\sum_{n=0}^{\infty} z^{n-3}$

(9) $\displaystyle\sum_{n=0}^{\infty} z^{2n-1}$　(10) $\displaystyle\sum_{n=0}^{\infty} \frac{(-1)^n z^{n-1}}{2^{n+1}}$　(11) $\displaystyle\sum_{n=0}^{\infty} \frac{1}{n!}\frac{1}{z^{n-1}}$　(12) $\displaystyle\sum_{n=0}^{\infty} \frac{(-1)^n}{(2n)!}\left(\frac{1}{z}\right)^{2n}$

【1.52】(1) $f(z) = \dfrac{5}{z-2} + 1$　(2) $f(z) = \dfrac{1}{(z-1)^2} - \dfrac{1}{z-1} + 1 - (z-1) + \cdots$

【1.53】(1) $z = 1$ で 1 位の極　(2) $z = 0$ で除去可能な特異点

(3) $z = 1$ で 1 位の極　(4) $z = 0$ で真性特異点　(5) $z = 0$ で 3 位の極

(6) $z = 0$ で除去可能な特異点　(7) $z = 0$ で真性特異点

(8) $z = i$ で除去可能な特異点

【1.54】(1) $z = 0$ で 2 位の極　(2) $z = 0$ で 3 位の極　(3) $z = 0$ で 3 位の極

(4) $z = 0$ で 1 位の極　(5) $z = 0$ で 2 位の極

【1.55】(1) $z = 2$ で 1 位の極, $z = 3$ で 1 位の極

(2) $z = 1$ で 2 位の極, $z = 2$ で 3 位の極

(3) $z = i$ で 1 位の極, $z = -i$ で 1 位の極

【1.56】(1) 孤立特異点は $z = 0$ で，$\operatorname*{Res}_{z=0} f(z) = 4$

(2) 孤立特異点は $z = \dfrac{1}{2}$ で，$\operatorname*{Res}_{z=1/2} f(z) = 1$

(3) 孤立特異点は $z = 0$ で，$\operatorname*{Res}_{z=0} f(z) = -\dfrac{1}{6}$

(4) 孤立特異点は $z = 2$ で，$\operatorname*{Res}_{z=2} f(z) = 9$

(5) 孤立特異点は $z = 0, -2$ で，$\operatorname*{Res}_{z=0} f(z) = \dfrac{3}{2}$，$\operatorname*{Res}_{z=-2} f(z) = -\dfrac{9}{2}$

(6) 孤立特異点は $z = 0, 1$ で，$\operatorname*{Res}_{z=0} f(z) = \lim_{z\to 0} zf(z) = -1$,

$\operatorname*{Res}_{z=1} f(z) = \lim_{z\to 1}(z-1)f(z) = e$

(7) 孤立特異点は $z = 0, -1$ で，$\operatorname*{Res}_{z=0} f(z) = 3$,　$\operatorname*{Res}_{z=-1} f(z) = 1$

(8) 孤立特異点は $z = 0, -1$ であり，$\operatorname*{Res}_{z=0} f(z) = 1$,　$\operatorname*{Res}_{z=-1} f(z) = -1$

【1.57】(1) $8\pi i$　(2) $-\pi i$　(3) $6\pi i$　(4) $-\dfrac{1}{2}\pi i$　(5) $6e\pi i$

(6) $2\pi i\left(1-\dfrac{e^{i}}{2}-\dfrac{e^{-i}}{2}\right)$　$(=2\pi i\,(1-\cos 1))$

【1.58】$\underset{z=0}{\mathrm{Res}}\,f(z)=-\dfrac{3}{8}$, $\underset{z=2}{\mathrm{Res}}\,f(z)=\dfrac{1}{4}$, $\underset{z=4}{\mathrm{Res}}\,f(z)=\dfrac{1}{8}$ である．

(1) $-\dfrac{3}{4}\pi i$　(2) 0　(3) $\dfrac{3}{4}\pi i$

【1.59】(1) π　(2) $\dfrac{\pi}{2}$　(3) $\dfrac{2\pi}{\sqrt{3}}$　(4) $\dfrac{2\pi}{3}$　(5) 2π　(6) 2π

【1.60】(1) $\dfrac{\pi}{\sqrt{3}}$　(2) $\dfrac{\pi}{\sqrt{2}}$　(3) 0　(4) $\dfrac{\pi}{\sqrt{2}}$　(5) π　(6) $\dfrac{\sqrt{3}}{6}\pi$

【1.61】(1) $\pi e^{-\frac{1}{\sqrt{2}}}\sin\left(\dfrac{1}{\sqrt{2}}+\dfrac{\pi}{4}\right)$　(2) $\dfrac{\pi}{e}\cos 1$

【第 2 章】

【2.1】(1) $y'=x+y$　(4) $|y-xy'|=\sqrt{1+(y')^2}$

【2.2】$\dfrac{dx}{dt}=k\sqrt{x}$,（k は定数)

【2.3】$\dfrac{dx}{dt}=mx(k-x)$,（m は定数)

【2.4】(1) $y'=1$　(2) $xy'=y$　(3) $y'=2y$　(4) $y'\tan x=y$　(5) $(y')^2+y^2=1$
(6) $y''-5y'+6y=0$　(7) $y''+4y=0$　(8) $(x-1)y''-xy+y=0$

【2.5】(1) $y=x^2+7x+C$　(2) $y=-\dfrac{1}{2}\cos 2x+C$　(3) $y=-e^{-2x}+C$

(4) $y=-(x+1)e^{-x}+C$　(5) $y=x\sin x+\cos x+C$

(6) $y=\dfrac{1}{\sqrt{3}}\tan^{-1}\dfrac{x}{\sqrt{3}}+C$　(7) $y=\dfrac{1}{2}\sin^{-1}2x+C$

(8) $y=\dfrac{1}{2}\log|x^2+3|+C$　(9) $y=\dfrac{x}{2}+\dfrac{1}{4}\sin 2x+C$

【2.6】代入して確かめてみよ．

【2.7】(1) $y=Ce^{2x}$　(2) $y=Ce^{\frac{x^2}{4}}$　(3) $y=Ce^{\frac{x^2}{2}}+2$　(4) $y=\dfrac{C}{x}$

(5) $x^2+y^2=C$　(6) $y=Cx$　(7) $y=Ce^{x}-1$　(8) $y=\dfrac{2x^2}{1+Cx^2}$

(9) $y=\dfrac{Cx}{x-1}$　(10) $y=C\left(\dfrac{x-2}{x+2}\right)^{\frac{1}{4}}-1$

【2.8】(1) $y=e^{2x}$　(2) $y=\dfrac{3}{x}$　(3) $y=2x+1$　(4) $y=x+4\sqrt{x}+3$

(5) $y=\tan x^2$　(6) $y=\sin(\tan^{-1}x+\dfrac{\pi}{4})=\dfrac{x+1}{\sqrt{2(x^2+1)}}$

【2.9】(1) $y=-1$　(2) $a \geqq 0$ として $y=\begin{cases}(x-a)^3 & (x \geqq a)\\ 0 & (0 \leqq x \leqq a)\end{cases}$

【2.10】時刻 t の個体数を y として $\dfrac{dy}{dt}=ky,\ y(0)=1,\ y(1)=3$ を解く．
$y=Ce^{kt}$ より $e^k=3$ で，$y=3^t$ となり $y(4)=81$ 倍

【2.11】時刻 t の個体数を y として $\dfrac{dy}{dt}=k\sqrt{y},\ y(0)=1,\ y(4)=4$ を解く．
$2\sqrt{y}=kt+C$ より $k=\dfrac{1}{2}$ で，$y=\left(1+\dfrac{t}{4}\right)^2$ となり $y(16)=25$ 倍

【2.12】時刻 t の物質量を y として $\dfrac{dy}{dt}=-ky,\ y(0)=100,\ y(30)=50$ を解く．
$y=Ce^{-kt}$ より $k=\dfrac{\log 2}{30}$ で，$y=100\cdot 2^{-\frac{t}{30}}$ となり $y=25$ のとき $t=60$ 年

【2.13】時刻 t の温度 T に対し $\dfrac{dT}{dt}=k(T-20),\ y(0)=110,\ y(15)=80$ を解く．
$y=20+Ce^{kt}$ より $k=\dfrac{1}{15}\log\dfrac{2}{3}$ で，$y=20+90\cdot\left(\dfrac{2}{3}\right)^{\frac{t}{15}}$ より
$y=50$ のとき $t=\dfrac{15\log 3}{\log 3-\log 2}=40.6$ 分後

【2.14】(1) $y=Ce^{2x}$　(2) $y=Cx^2$　(3) $y=-1+Ce^x$　(4) $y=\dfrac{C}{x}$
(5) $y=\dfrac{x}{2}+\dfrac{C}{x}$　(6) $y=\dfrac{x^3}{2}+Cx$　(7) $y=-2+Ce^{\frac{x^2}{2}}$
(8) $y=x^2\log|x|+Cx^2$　(9) $y=-e^x+Ce^{2x}$　(10) $y=e^x(2x+C)$

【2.15】(1) $y'=y$ を解くと $y=Ce^x$ より $y=L\cdot e^x$ とおく．
元の式に代入すると $L'=e^{-x}$ より $L=-e^{-x}+C$ だから
$y=(-e^{-x}+C)e^x=-1+Ce^x$
(2) $y'=2y$ を解くと $y=Ce^{2x}$ より $y=L\cdot e^{2x}$ とおく．
元の式に代入すると $L'=e^{-x}$ より $L=-e^{-x}+C$ だから
$y=(-e^{-x}+C)e^{2x}=-e^x+Ce^{2x}$
(3) $y'=y$ を解くと $y=Ce^x$ より $y=L\cdot e^x$ とおく．
元の式に代入すると $L'=2$ より $L=2x+C$ だから $y=(2x+C)e^x$
(4) $y'=xy$ を解くと $y=Ce^{\frac{x^2}{2}}$ より $y=L\cdot e^{\frac{x^2}{2}}$ とおく．
元の式に代入すると $L'=2xe^{-\frac{x^2}{2}}$ より $L=-2e^{-\frac{x^2}{2}}+C$ だから
$y=(-2e^{-\frac{x^2}{2}}+C)e^{\frac{x^2}{2}}=-2+Ce^{\frac{x^2}{2}}$

【2.16】接線の方程式は $Y-y=y'(X-x)$ より y 切片は $-xy'+y=\dfrac{2}{x}$ となる．
これを解くと $y=\dfrac{1}{x}+Cx$

【2.17】(1) $100\dfrac{dv}{dt} = F - 50v$ より $\dfrac{dv}{dt} = -\dfrac{v}{2} + \dfrac{F}{100}$

(2) $v = \dfrac{F}{50} + Ce^{-\frac{t}{2}}$ で $v(0) = 0$ より $v = \dfrac{F}{50}\left(1 - e^{-\frac{t}{2}}\right)$

(3) $t \to \infty$ のとき $v \to \dfrac{F}{50}$ より $F = 50v = 250$ (N)

【2.18】(1) $\dfrac{di}{dt} = -\dfrac{R}{L}i + \dfrac{E_0}{L}$ より $i = Ce^{-\frac{R}{L}t} + \dfrac{E_0}{L}$ となる．

よって，$i(0) = i_0$ だから $i = \dfrac{E_0}{L} + \left(i_0 - \dfrac{E_0}{L}\right)e^{-\frac{R}{L}t}$

(2) $\dfrac{di}{dt} = -\dfrac{R}{L}i + \dfrac{E_0}{L}\sin\omega t$ より $i = E_0\dfrac{R\sin\omega t - \omega L\cos\omega t}{R^2 + (\omega L)^2} + Ce^{-\frac{R}{L}t}$ となる．

よって，$i(0) = 0$ だから $i = E_0\dfrac{R\sin\omega t + \omega L(e^{-\frac{R}{L}t} - \cos\omega t)}{R^2 + (\omega L)^2}$ となる．

【2.19】行列式の計算をして $\neq 0$ を確かめる．(ある x でよい．)

【2.20】(1) $y'' - 3y' + 2y = 0$　(2) $y'' + 4y = 4$　(3) $y'' - 2y' + y = e^{2x}$
(4) $y''' - 6y'' + 11y' - 6y = 0$

【2.21】(1) 2 階定数係数非斉次　(2) 2 階変数係数斉次
(3) 2 階変数係数非斉次　(4) 3 階定数係数斉次

【2.22】基本解であることは微分して確かめよ．一次独立も確認．

(1) $y = L_1e^{2x} + L_2e^{-2x}$ とおくと $W = -4$ より $L_1' = \dfrac{e^{-x}}{4}$，$L_2' = -\dfrac{e^{3x}}{4}$ だから

$$y = \left(-\frac{e^{-x}}{4} + C_1\right)e^{2x} + \left(-\frac{e^{3x}}{12} + C_2\right)e^{-2x} = -\frac{1}{3}e^x + C_1e^{2x} + C_2e^{-2x}$$

(2) $y = L_1\cos 2x + L_2\sin 2x$ とおくと
$W = 2$ より $L_1' = -2\sin 2x$，$L_2' = 2\cos 2x$ だから
$y = (\cos 2x + C_1)\cos 2x + (\sin 2x + C_2)\sin 2x = 1 + C_1\cos 2x + C_2\sin 2x$

(3) $y = L_1x^2 + L_2x^{-1}$ とおくと $W = -3$ より $L_1' = \dfrac{2x^{-2}}{3}$，$L_2' = -\dfrac{2x}{3}$ だから

$$y = \left(-\frac{2x^{-1}}{3} + C_1\right)x^2 + \left(-\frac{x^2}{3} + C_2\right)x^{-1} = -x + C_1x^2 + C_2x^{-1}$$

(4) $y = L_1x + L_2x\log x$ とおくと $W = x$ より $L_1' = -\log x$，$L_2' = 1$ だから
$y = (-x\log x + x + C_1)x + (x + C_2)x\log x = x^2 + C_1x + C_2x\log x$

【2.23】$y' = ae^{ax}u + e^{ax}u'$，$y'' = a^2e^{ax} + 2ae^{ax}u' + e^{ax}u''$ より
y，y'，y'' を消去して $u'' + b^2u = 0$

【2.24】 $u' = z$ とおくと $z' = \dfrac{2b\sin bx}{\cos bx}z$ で 1 階線形．$z = \dfrac{C_1}{\cos^2 bx}$ より
$u = C_1\tan bx + C_2$ より　$y = (C_1\tan bx + C_2)\cos bx$

【2.25】(1) $y = Ce^{-2x}$　(2) $y = C_1 + C_2e^x$　(3) $y = C_1e^x + C_2e^{-x}$
(4) $y = C_1 + C_2e^x + C_3e^{-x}$　(5) $y = C_1e^x + C_2e^{2x}$

(6) $y = C_1 e^{-\frac{x}{2}} \cos \frac{\sqrt{3}}{2}x + C_2 e^{-\frac{x}{2}} \sin \frac{\sqrt{3}}{2}x$　(7) $y = C_1 e^{-\frac{x}{2}} + C_2 x e^{-\frac{x}{2}}$
(8) $y = C_1 + C_2 e^{2x} + C_3 e^{-x}$

【2.26】(1) $2e^x$　(2) 2　(3) $15e^{2x}$　(4) $-3\sin 2x - 4\cos 2x$
(5) $-e^x(\cos 2x + 6\sin 2x)$　(6) $-3x^2 - 4x - 1$　(7) $-6e^{-x}$

【2.27】(1) $\frac{e^x}{2}$　(2) $-\frac{1}{3}e^{-2x}$　(3) $\frac{1}{2}e^{3x} + \frac{1}{3}e^{-x}$　(4) $\frac{1}{2}\sin x$
(5) $\frac{1}{5}(2\sin 2x + \cos 2x)$　(6) $\frac{1}{50}(-4\sin 3x + 3\cos 3x)$　(7) $\sin x + \cos x$
(8) $2x - 3$　(9) $-x^2 - 1$　(10) $\frac{1}{27}(9x^2 + 15x + 59)$

【2.28】(1) $e^x(2x+3)$　(2) $e^{2x}(7\cos x + 8\sin x)$
(3) $2e^{-x}(-2\cos 2x + 2\sin 2x - 2x + 1)$

【2.29】(1) xe^{-x}　(2) $\frac{x^2}{2}e^x$　(3) $\frac{x}{2}e^{3x}$　(4) $\frac{1}{4}(x^2 - x)e^{-x}$　(5) $(x^2 - 2)e^x$
(6) $\frac{x}{4}\sin 2x$　(7) $\frac{(9\cos 3x - \sin 3x)e^{-2x}}{82}$　(8) $\frac{x\cos x + (x-1)\sin x}{2}$

【2.30】(1) $y = \frac{1}{2}e^x + Ce^{-x}$　(2) $y = -\frac{1}{2}x^2 - x - 1 + Ce^{2x}$
(3) $y = -e^{-x} + C_1 e^{2x} + C_2 e^{-3x}$　(4) $y = \frac{1}{8}(2x^2 + 1) + C_1 \cos 2x + C_2 \sin 2x$
(5) $y = \cos 2x + C_1 e^{2x} + C_2 x e^{2x}$　(6) $y = -\frac{2x+1}{2} + C_1 e^x + C_2 e^{-2x}$
(7) $y = xe^x + C_1 e^x + C_2 e^{-3x}$
(8) $y = 2\sin 2x - \cos 2x + C_1 e^{-x}\cos x + C_2 e^{-x}\sin x$
(9) $y = e^{2x}\left(\frac{x^2}{2} - \frac{x}{5} + C_1\right) + C_2 e^{-3x}$
(10) $y = x^2 e^x + C_1 + C_2 x + C_3 e^x + C_4 x e^x$

【2.31】(1) $\begin{cases} y = C_1 e^x + C_2 e^{-x} \\ z = -C_1 e^x + C_2 e^{-x} \end{cases}$　(2) $\begin{cases} y = e^x + C_1 \cos x + C_2 \sin x \\ z = e^x + C_2 \cos x - C_1 \sin x \end{cases}$
(3) $\begin{cases} y = -3C_1 e^x - C_2 e^{3x} \\ z = C_1 e^x + C_2 e^{3x} \end{cases}$　(4) $\begin{cases} y = x + 2C_1 e^{2x} - C_2 e^{3x} \\ z = -1 + C_1 e^{2x} + C_2 e^{3x} \end{cases}$
(5) $\begin{cases} y = 2\sin 2x + 2C_1 x + C_2 \\ z = -2\sin 2x - 2C_1 x - C_1 - C_2 \end{cases}$　(6) $\begin{cases} y = x^2 - 8x + 7 + Ce^{-\frac{x}{2}} \\ z = 2x^2 - 8x + 15 + Ce^{-\frac{x}{2}} \end{cases}$

【2.32】$w = \sqrt{\frac{k}{m}}$ とおくと $x'' + w^2 x = 0$ なので
$x = C_1 \cos wt + C_2 \sin wt$ となる．
初期条件を入れると，$C_1 = x_0$，$C_2 = \frac{v_0}{w}$ なので $x = x_0 \cos wt + \frac{x_0}{w} \sin wt$

【2.33】$w_0 = \sqrt{\frac{k}{m}}$ とおくと $x'' + 2\gamma x' + w_0^2 x = f_0 \cos \omega t$ となる．

例題 2.26 と同じ文字を使う．ただし $\eta = (w_0^2 - \omega^2)^2 + 4\omega^2\gamma^2$ とする．

(a) $x = f_0 \dfrac{(w_0^2 - \omega^2)\cos\omega t + 2\gamma\omega\sin\omega t}{\eta} + C_1 e^{\rho_1 t} + C_2 e^{\rho_2 t}$

$$C_1 = \frac{\rho_2(x_0\eta - f_0(w_0^2 - \omega^2)) - (v_0\eta - 2f_0\gamma\omega^2)}{(\rho_2 - \rho_1)\eta}$$

$$C_2 = -\frac{\rho_1(x_0\eta - f_0(w_0^2 - \omega^2)) - (v_0\eta - 2f_0\gamma\omega^2)}{(\rho_2 - \rho_1)\eta}$$

(b) $x = f_0 \dfrac{(w_0^2 - \omega^2)\cos\omega t + 2\gamma\omega\sin\omega t}{\eta} + C_1 e^{-\gamma t}\cos ut + C_2 e^{-\gamma t}\sin ut$

$$C_1 = x_0 - f_0\frac{w_0^2 - \omega^2}{\eta},\quad C_2 = \gamma\left(x_0 - f_0\frac{w_0^2 - \omega^2}{\eta}\right) + \left(v_0 - 2f_0\gamma\frac{\omega^2}{\eta}\right)$$

(c) $x = f_0 \dfrac{(\gamma^2 - \omega^2)\cos\omega t + 2\gamma\omega\sin\omega t}{\eta} + C_1 e^{-\gamma t} + C_2 t e^{-\gamma t}$

$$C_1 = x_0 - f_0\frac{\gamma^2 - \omega^2}{(\gamma^2 + \omega^2)^2},\quad C_2 = v_0 + \gamma x_0 - \frac{f_0\gamma}{\gamma^2 + \omega^2}$$

【第 3 章】

【3.1】(1) $\dfrac{k}{s}$, $s > 0$　(2) $\dfrac{1}{s^2}$, $s > 0$　(3) $\dfrac{1}{s+1}$, $s > -1$　(4) $\dfrac{a}{s^2 + a^2}$, $s > 0$

(5) $\dfrac{\sqrt{\pi}}{2s\sqrt{s}}$, $s > 0$　(6) $s \neq 0$ のとき $\dfrac{5(1 - e^{-3s})}{s}$, $s = 0$ のとき 15

【3.2】(1) 2　(2) 24　(3) $\dfrac{\sqrt{\pi}}{2}$　(3) $\dfrac{3\sqrt{\pi}}{4}$

【3.3】(1) $\dfrac{4}{s^3} - \dfrac{4}{s^2} + \dfrac{3}{s}$　(2) $\dfrac{3s - 2}{s^2 + 4}$　(3) $\dfrac{s}{s^2 - a^2}$　(4) $\dfrac{a}{s^2 - a^2}$

【3.4】(1) $\mathcal{L}[t - a] = \dfrac{e^{-as}}{s^2}$, $\mathcal{L}[t + a] = \dfrac{a}{s} + \dfrac{1}{s^2}$

(2) $\mathcal{L}[\cos(t - a)] = \dfrac{se^{-as}}{s^2 + 1}$, $\mathcal{L}[\cos(t + a)] = \dfrac{s\cos a - \sin a}{s^2 + 1}$

【3.5】(1) $\dfrac{1}{(s-2)^2}$　(2) $\dfrac{2}{(s+1)^3}$　(3) $\dfrac{3}{(s-2)^2 + 3^2} = \dfrac{3}{s^2 - 4s + 13}$

(4) $\dfrac{s - 5}{(s-5)^2 + 2^2} = \dfrac{s - 5}{s^2 - 10s + 29}$

【3.6】(1) $\dfrac{1}{s - a}$　(2) $\dfrac{a}{s^2 + a^2}$　(3) $\dfrac{s}{s^2 + a^2}$

【3.7】(1) $\dfrac{1}{s - a}$　(2) $\dfrac{a}{s^2 + a^2}$　(3) $\dfrac{s}{s^2 + a^2}$　(4) $\dfrac{a}{s^2 - a^2}$　(5) $\dfrac{s}{s^2 - a^2}$

【3.8】(1) $\dfrac{s + 3}{(s+1)^2}$　(2) $\dfrac{C(s^2 + 1) + 5s}{(s-2)(s^2+1)}$　(3) $\dfrac{1}{s + 2}$　(4) $\dfrac{2s + 14}{s^2 + 6s + 10}$

(5) $\dfrac{1}{(s-1)(s-2)(s-3)}$　(6) $\dfrac{60s}{(s-1)(s+2)(s^2+4)}$　(7) $\dfrac{s^3-4s^2+5s}{(s-1)^4}$

【3.9】(1) $\dfrac{1}{(s-a)^2}$　(2) $\dfrac{2a(3s^2-a^2)}{(s^2+a^2)^3}$　(3) $\dfrac{s^2-a^2}{(s^2+a^2)^2}$　(4) $\dfrac{2as}{(s^2-a^2)^2}$

(5) $\dfrac{2s(3a^2+s^2)}{(s^2-a^2)^3}$

【3.10】(1) $\dfrac{1}{s(s-2)}$　(2) $\dfrac{a}{s(s^2+a^2)}$　(3) $\dfrac{1}{s(s-a)^2}$　(4) $\dfrac{1}{s(s^2+a^2)}$

【3.11】(1) $\log\dfrac{s-2}{s-3}$　(2) $\dfrac{1}{2}\log\dfrac{s+2}{s-2}$　(3) $\log\dfrac{s+1}{s}$

【3.12】(1) $\dfrac{t^2}{2},\ \dfrac{1}{s^3}$　(2) $\dfrac{t^3}{6},\ \dfrac{1}{s^4}$　(3) $e^{2t}-e^t,\ \dfrac{1}{(s-1)(s-2)}$

(4) $e^t-t-1,\ \dfrac{1}{s^2(s-1)}$　(5) $\dfrac{1}{2}\left(\dfrac{1}{a}\sin at-t\cos at\right),\ \dfrac{a^2}{(s^2+a^2)^2}$

(6) $\dfrac{1}{a^2+b^2}(be^{at}-a\sin bt-b\cos bt),\ \dfrac{b}{(s-a)(s^2+b^2)}$

【3.13】(1) $\dfrac{2(s^2+1)^2}{s^4}$　(2) $\dfrac{(s^2+1)(s+2)}{s^3}$　(3) $\dfrac{s-1}{s^2+4}$　(4) $\dfrac{s^2+1}{s^2(s-1)^2}$

【3.14】(1) $\dfrac{1-e^{-s}}{s^2}-\dfrac{e^{-s}}{s}$　(2) $\dfrac{1}{s^2}-\dfrac{e^{-s}}{s(1-e^{-s})}$　(3) $\dfrac{1-e^{-s}}{s(1+e^{-s})}$

(4) $\dfrac{1}{s(1+e^{-s})}$

【3.15】(1) 1　(2) $\cos\pi=-1$　(3) $-\mathrm{U}(a-\pi)\sin a$　($a<\pi$, $a \geqq \pi$ で場合分け)

【3.16】(1) 例題 3.15 に相似法則を適用する．　(2) 同様に移動法則を適用．

【3.17】(1) t　(2) $\cos t$　(3) $\sin 2t$　(4) e^{-t}　(5) e^{2t}

【3.18】(1) $2t^2-4t+3$　(2) $3\cos 2t-\sin 2t$　(3) $1+2e^t+3e^{2t}$

(4) $5\cos 3t-2\sin 3t$

【3.19】(1) $e^{-t}\sin t$　(2) $e^t\cos 2t$　(3) $e^{-t}(\cos 3t-\sin 3t)$

(4) $e^{2t}(3\cos 2t+4\sin 2t)$

【3.20】(1) $(t-2)\mathrm{U}(t-2)$　(2) $\{\sin 2(t-3)\}\,\mathrm{U}(t-3)$

(3) $\left\{\dfrac{1}{2}e^{t-3}\sin 2(t-3)\right\}\mathrm{U}(t-3)$

【3.21】(1) $\dfrac{e^{t/3}}{3}$　(2) $\dfrac{1}{3}\sin\dfrac{t}{3}$　(3) $\dfrac{1}{3}\cos\dfrac{t}{3}$

【3.22】(1) $\dfrac{1}{2}te^{-t}\sin t$　(2) $\dfrac{t^2e^t}{2}$

(3) $\dfrac{1}{2}(\sin t-t\cos t)$,　($\frac{1-s^2}{(s^2+1)^2}=\frac{2}{(s^2+1)^2}-\frac{1}{s^2+1}$ を使う)

【3.23】(1) $2\sin t + t\sin t - 2t\cos t$　(2) $e^t(t\cos t + 2t\sin t - \sin t)$
(3) $e^{2t}(t\cos t + t\sin t - \sin t)$

【3.24】(1) $\dfrac{t\cos t + \sin t}{2}$　(2) $\dfrac{2\cos t - t\sin t}{2}$　(3) $-\dfrac{t\cos t + 3\sin t}{2} + \delta(t)$

【3.25】(1) $\log\dfrac{s+2}{s+1}$, $\dfrac{e^{-t} - e^{-2t}}{t}$　(2) $\dfrac{\pi}{2} - \tan^{-1} s$, $\dfrac{\sin t}{t}$

【3.26】(1) $1 - \cos t$　(2) $t - \sin t$　(3) $\dfrac{t^2}{2} + \cos t - 1$

【3.27】(1) $1 * e^t = \displaystyle\int_0^t e^u\,du = e^t - 1$　(2) $1 * \sin t = \displaystyle\int_0^t \sin u\,du = 1 - \cos t$

(3) $e^t * e^{-3t} = \displaystyle\int_0^t e^{t-u}e^{-3u}\,du = \int_0^t e^{t-4u}\,du = \frac{e^t - e^{-3t}}{4}$

(4) $e^{2t} * (te^{-2t}) = \displaystyle\int_0^t e^{2t-2u}ue^{-2u}\,du = \int_0^t ue^{2t-4u}\,du = \frac{1}{16}(e^{2t} - e^{-2t} - 4te^{-2t})$

(5) $e^{-t} * \sin t = \displaystyle\int_0^t e^{u-t}\sin u\,du = \frac{1}{2}(\sin t - \cos t + e^{-t})$

(6) $\cos 2t * \cos 2t = \displaystyle\int_0^t \cos(2t - 2u)\cos 2u\,du = \frac{t}{2}\cos 2t + \frac{1}{4}\sin 2t$

【3.28】(1) $\dfrac{e^t - e^{-3t}}{4}$　(2) $5e^{3t} - 2e^{-2t}$　(3) $\dfrac{1}{2}(\sin t - \cos t + e^{-t})$

(4) $t - 1 + e^{-t}$　(5) $1 - \dfrac{3}{2}e^{-t} + \dfrac{1}{2}e^t$　(6) $\dfrac{1}{16}(e^{2t} - e^{-2t} - 4te^{-2t})$

(7) $3e^{-4t} - 3\cos 3t$　(8) $\dfrac{1}{2}\sin 4t + \cos 2t - \sin 2t$　(9) $2e^t - t\sin t - 2\cos t$

【3.29】(1) $3e^{-2t} - e^{3t}$　(2) $5e^{2t} - 3e^{-t} - 2e^{-3t}$　(3) $2e^{-t} + 3\sin t - 2\cos t$

【3.30】(1) $y = e^{-t} + 2te^{-t}$　(2) $y = (C+2)e^{2t} + \sin t - 2\cos t$　(3) $y = e^{-2t}$

(4) $y = 2e^{-3t}(\cos t + 4\sin t)$　(5) $y = \dfrac{1}{2}(e^{3t} - 2e^{2t} + e^t)$

(6) $y = 3\sin 2t - 9\cos 2t + 4e^t + 5e^{-2t}$　(7) $y = \dfrac{1}{3}t^3e^t + e^t - te^t$

【3.31】(1) $y = \dfrac{1}{4}(1 - \cos 2(t - \pi)) \cdot \mathrm{U}(t - \pi)$

(2) $y = e^{-t} - e^{-2t} + \dfrac{(1 - e^{2-t})^2}{2} \cdot \mathrm{U}(t - 2)$

(3) $y = \dfrac{1}{\sqrt{3}}e^{-t}\sin\sqrt{3}t$　(4) $y = e^{\pi - t}\sin(t - \pi) \cdot \mathrm{U}(t - \pi)$

【3.32】(1) $x = 3e^t - 2e^{-t}$,　$y = 2e^{-t} - e^t$
(2) $x = -e^{-t}(\cos t + \sin t)$,　$y = e^{-t}(1 + \sin t)$
(3) $x = (1 + 6t + 4t^2 - e^{2t})/4$,　$y = (1 + 2t - e^{2t})/4$
(4) $x = 2\sin t + \cos t - 2t - 1$,　$y = -2\cos t - \sin t + 2t + 2$

【3.33】(1) $y = \dfrac{3}{7}(e^{2t} + 6e^{-t}) - 3$　(2) $\dfrac{1}{8}\left(\cos t - \sin t - e^{2t}\left(\cos t - \dfrac{9}{e^2}\sin t\right)\right)$

(3) $y = e^{-t}(\cos t + e^{\frac{\pi}{2}} \sin t)$

【3.34】(1) $y = \sin 2t$　(2) $y = \cos 3t + \sin 3t$

【3.35】(1) $y = \frac{1}{3}t^3 + 4t + 2\delta(t)$　(2) $y = t^2 + t + 2 + \delta(t)$

(3) $y = \cos 2t - \frac{1}{2}\sin 2t$ (4) $y = t + 2 + 2(t-1)e^t$

(5) $y = \frac{1}{2}(e^{2t} + 1)$　(6) $y = e^t + \sin t + \cos t$

【3.36】(1) $y = 1 + \frac{1}{2}t^2$　(2) $y = \frac{e^t - e^{-t}}{2}$　(3) $y = t - \frac{1}{2}t^2$

【3.37】(1) $y = [t] + 1$　(2) $y = \sum_{n=0}^{[t]} 2^n(t-n)$　(3) $y = 2^{[t]+2} - [t] - 3$

【3.38】(1) $a_n = 3^n - 2^n$　(2) $a_n = 3^n - 2^n$

【第 4 章】

【4.1】(1) $\boldsymbol{a} \cdot \boldsymbol{b} = 4$, $|\boldsymbol{a}| = \sqrt{3}$, $|\boldsymbol{b}| = \sqrt{6}$
(2) $\boldsymbol{a} \cdot \boldsymbol{b} = 6$, $|\boldsymbol{a}| = 3\sqrt{2}$, $|\boldsymbol{b}| = \sqrt{3}$

【4.2】(1) $(3, 1, -5)$　(2) $(-1, -16, -3)$　(3) $(21, 9, 3)$　(4) $(0, -11, 22)$
(5) $(2, 9, 5)$　(6) $(5, 1, 8)$

【4.3】$\pm\frac{1}{\sqrt{14}}(-2, -3, 1)$　　【4.4】$\sqrt{11}$　　【4.5】$2(\boldsymbol{b} \times \boldsymbol{a})$（$= -2(\boldsymbol{a} \times \boldsymbol{b})$）

【4.6】(1) $(2, 1, 1)$　(2) $(-2, -1, -1)$　(3) 3　(4) $(14, -11, 7)$
(5) $(3, -3, -3)$　　【4.7】定理 4.3 (4) を使う．

【4.8】(1) 定理 4.4 と外積の性質を利用．
(2) $\boldsymbol{F} \cdot \boldsymbol{F}$ を微分する．定理 4.4 ，内積の性質を利用．

【4.9】(1) $\boldsymbol{F}'(t) = (1, 2t, 3t^2)$, $\boldsymbol{F}''(t) = (0, 2, 6t)$
(2) $\boldsymbol{F}'(t) = (-2\sin 2t, 2\cos 2t, 2t)$, $\boldsymbol{F}''(t) = (-4\cos 2t, -4\sin 2t, 2)$
(3) $\boldsymbol{F}'(t) = (1, e^t + e^{-t}, e^t - e^{-t})$, $\boldsymbol{F}''(t) = (0, e^t - e^{-t}, e^t + e^{-t})$
(4) $\boldsymbol{F}'(t) = \left(2, \frac{t}{\sqrt{t^2+1}}, -e^{-t}\right)$, $\boldsymbol{F}''(t) = \left(0, \frac{1}{(t^2+1)^{3/2}}, e^{-t}\right)$

【4.10】$\boldsymbol{v} = (-\omega R \sin \omega t, \omega R \cos \omega t, 0)$
$\boldsymbol{a} = (-\omega^2 R \cos \omega t, -\omega^2 R \sin \omega t, 0) = -\omega^2 \boldsymbol{r}$

【4.11】(1) $\boldsymbol{F}_x = (1, 0, 1)$, $\boldsymbol{F}_y = (1, 1, 0)$, $\boldsymbol{F}_z = (0, 1, 1)$
(2) $\boldsymbol{F}_x = (-y \sin x, y \cos x, 0)$, $\boldsymbol{F}_y = (\cos x, \sin x, 0)$, $\boldsymbol{F}_z = (0, 0, 1)$
(3) $\boldsymbol{F}_x = (y^2, 2xy \ln z, 0)$, $\boldsymbol{F}_y = (2xy, x^2 \ln z, z^{-1})$, $\boldsymbol{F}_z = (0, x^2yz^{-1}, -yz^{-2})$

【4.12】(1) $(y^2z^3, 2xyz^3, 3xy^2z^2)$
(2) $\left(\frac{2x}{x^2+y^2+z^2}, \frac{2y}{x^2+y^2+z^2}, \frac{2z}{x^2+y^2+z^2}\right)$

(3) $\left(\dfrac{-2x}{(x^2+y^2+z^2)^2},\ \dfrac{-2y}{(x^2+y^2+z^2)^2},\ \dfrac{-2z}{(x^2+y^2+z^2)^2}\right)$

(4) $\left(\dfrac{2x}{x^2+2y^2},\ \dfrac{4y}{x^2+2y^2},\ 2z\right)$

(5) $(2xe^{yz}\cos y,\ x^2e^{yz}(z\cos y-\sin y),\ x^2ye^{yz}\cos y)$

(6) $e^{x+y+z}\big(\sin(2x+yz)+2\cos(2x+yz),$
$\sin(2x+yz)+z\cos(2x+yz),\ \sin(2x+yz)+y\cos(2x+yz)\big)$

(7) $\big(e^x(\sin y\cos z+\sin y\sin z+\cos y),$
$e^x(\cos y\cos z+\cos y\sin z-\sin y),\ e^x(-\sin y\sin z+\sin y\cos z)\big)$

【4.13】(1) $-\dfrac{\boldsymbol{r}}{r^3}$　(2) $\dfrac{\boldsymbol{r}}{r^2}$　(3) $\dfrac{\boldsymbol{r}}{2r\sqrt{r}}$　(4) $\dfrac{e^r}{r}\boldsymbol{r}$　(5) $-\dfrac{2\sin 2r}{r}\boldsymbol{r}$　(6) $nr^{n-2}\boldsymbol{r}$

【4.14】(1) $\sqrt{2}$　(2) $-\sqrt{2}$　(3) $\dfrac{1}{6}$

【4.15】(1) $2y+3z+1$　(2) 0　(3) $2xy-z^2+9xyz^2$　(4) $ye^{xy}-x$
(5) $-z\sin x+x\cos y-2z$　(6) $-e^y\sin x+\cos z-z\sin z$

【4.16】(1) $\dfrac{2}{r}$　(2) 0　(3) $(r+3)e^r$　(4) $1+3\ln r$　(5) $(n+3)r^n$

【4.17】(1) $\dfrac{2}{r}$　(2) $2r^{-4}$　(3) r^{-2}　(4) $\dfrac{3+2\ln r}{r}$

【4.18】(1) $g''(r)+\dfrac{2}{r}g'(r)$　(2) (1) を使う．

【4.19】(1) $(0,\ 0,\ 2\omega)$　(2) $\boldsymbol{o}$　(3) $(2,\ -5,\ -1)$　(4) $(-2y^2z,\ -2z^2x,\ -2x^2y)$
(5) $(1+2z,\ -x-2,\ 2x-2)$　(6) $(-x^2ye^{yz},\ -e^{-z},\ 2xe^{yz}-x\cos(xy))$
(7) $\left(0,\ \cos(xy),\ \dfrac{y}{1+x^2y^2}+xz\sin(xy)\right)$

【4.20】(1) $xy=-2,\ z=3$　(2) $x^2+y^2=25,\ z=2$
((1) $x'=x,\ y'=-y,\ z'=0$，(2) $x'=y,\ y'=-x,\ z'=0$ を解く)

【4.21】第 2 式の発散，第 4 式の回転　【4.22】第 1 式の発散　【4.23】定理 4.13 を利用

【4.24】∇ でくくる

【4.25】(1) $\boldsymbol{t}=\dfrac{1}{\sqrt{13}}(-2\sin 2t,\ 2\cos 2t,\ 3)$

(2) $\boldsymbol{t}=\dfrac{1}{\sqrt{36t^2+5}}(1,\ 2,\ 6t)$　(3) $\boldsymbol{t}=\dfrac{1}{\sqrt{1+e^{2t}+e^{-2t}}}(1,\ e^t,\ -e^{-t})$

(4) $\boldsymbol{t}=\dfrac{1}{\sqrt{3}}(\sin t+\cos t,\ 1,\ \cos t-\sin t)$

(5) $\boldsymbol{t}=\dfrac{1}{\sqrt{9+4t^2}}(3\cos 3t,\ 2t,\ -3\sin 3t)$

【4.26】(1) $\kappa=\dfrac{4}{13}$，$\rho=\dfrac{13}{4}$　(2) $\kappa=\dfrac{\sqrt{2}}{3e^t}$，$\rho=\dfrac{3}{\sqrt{2}}e^t$　(3) $\kappa=\dfrac{\sqrt{2}}{3}$，$\rho=\dfrac{3}{\sqrt{2}}$

(4) $\kappa=\sqrt{2}$, $\rho=\dfrac{1}{\sqrt{2}}$　(5) $\kappa=t$, $\rho=\dfrac{1}{t}$

【4.27】 (1) $\dfrac{3\sqrt{14}}{2}$　(2) $\dfrac{5\sqrt{11}}{6}$　(3) $\dfrac{\sqrt{10}}{2}$　(4) $\dfrac{3\sqrt{3}-2\sqrt{2}}{3}$

【4.28】 (1) $\dfrac{1}{2}$　(2) 2π　(3) $-\dfrac{13}{2}$　(4) $-\dfrac{19}{2}$　(5) $-\dfrac{2}{5}$　(6) $e^2-\dfrac{2}{3}$　(7) 0

【4.29】 (1) $\dfrac{\sqrt{2}\,q}{4\pi\varepsilon_0}$　(2) $-\dfrac{9k}{2}$　（前半は 例題 4.17 と同様）

【4.30】(1) $\boldsymbol{n}=\pm\dfrac{1}{\sqrt{u^2+v^2+1}}(-u,-v,1)$

(2) $\boldsymbol{n}=\pm\dfrac{1}{\sqrt{x^2+y^2+1}}(-x,-y,1)$　(3) $\boldsymbol{n}=\pm\dfrac{1}{R}(x,y,z)$

【4.31】(1) -1　(2) $\dfrac{2\sqrt{17}}{3}$　(3) $\dfrac{\pi^2}{\sqrt{2}}$　(4) $\dfrac{\pi}{2}$

【4.32】(1) $\dfrac{\pi}{6}$　(2) 1　(3) $\dfrac{1}{2}$　(4) $\dfrac{\pi}{2}$　(5) $\dfrac{8\pi}{3}$　(6) $-\dfrac{1}{2}$　(7) 18

【4.33】 3π　【4.34】 (1) 略　(2) M 上で $r=1$ であることと球面の面積を利用.

【4.35】 (1) 2　(2) $\dfrac{1}{36}$　(3) $\dfrac{4}{5}\pi$　(4) $\dfrac{\pi}{16}$

【4.36】例題 4.21 参照　【4.37】$\dfrac{4\pi}{3}$（単位球の体積）　【4.38】　(1) 8π　(2) 2

【4.39】～【4.41】Gauss の発散定理と系を利用.

（【4.39】(1) 定理 4.10, (3) 定理 4.14　【4.40】(1) 外積の性質　【4.41】定理 4.14）

【4.42】(1) (i) で $g=1$　(2) (i) で $g=f$　(3) (2) を利用　(4) (3) を利用.

【4.43】$g\Delta f+\nabla g\cdot\nabla f=\nabla\cdot(g\nabla f)$　【4.44】Green の定理の系 (3) を利用

【4.45】$g_x=f_y$ を使う.　【4.46】20　C_2 の逆向き曲線を $\widetilde{C_2}$ とし，C_1 と $\widetilde{C_2}$ をつないだ曲線を C とすると閉曲線となる．C での線積分にグリーンの定理（2 次元）を利用する．曲線を選べるので例えば線分で計算する.

【4.47】(1) $-\pi$　(2) 5π　(3) 0

【4.48】ストークスの定理を利用．面積分の変数は t のみに注意.

【4.49】定理 4.12, 4.14 を利用.　【4.50】$\boldsymbol{F}=(1,0,0)$, $(0,1,0)$, $(0,0,1)$ を考える.

【4.51】$-\pi$　（平面上の円板領域での積分に変形）　【4.52】π　（【4.51】と同様）

【第 5 章】

【5.1】 (1) 1　(2) $\dfrac{1}{e-1}$　(3) $\dfrac{3}{4}$　(4) ∞（発散）　(5) 1

【5.2】 $S_N=\displaystyle\sum_{n=1}^{N}nr^{n-1}$ とおいて，S_N-rS_N を計算.

【5.3】 (1) 収束　(2) 収束　(3) ∞（発散）　(4) 収束　(5) 収束　(6) ∞（発散）
(7) 収束　(8) 収束　　【5.4】例題 5.3 参照　【5.5】例題 5.4 参照

【5.6】 $\dfrac{1}{2}\ln 2$　（まず $\dfrac{1}{2n-1}-\dfrac{1}{4n-2}$ を計算）

【5.7】 (1) 1　(2) $\dfrac{1}{\sqrt{2}}$　(3) $\dfrac{1}{2}$　(4) ∞　(5) $\dfrac{1}{3}$　(6) 0　(7) $\dfrac{1}{5}$　(8) $\sqrt{3}$

【5.8】項別微分　　【5.9】 (1) 1　(2) $f'(x)=\displaystyle\sum_{n=1}^{\infty}\frac{x^n}{n}$，$f''(x)=\displaystyle\sum_{n=0}^{\infty}x^n=\frac{1}{1-x}$
(3) $f(x)=(1-x)\ln(1-x)+x$　　【5.10】項別積分，アーベルの定理

【5.11】 (1) $e^{-x^2}=\displaystyle\sum_{n=0}^{\infty}\frac{(-1)^n}{n!}x^{2n}$　($\boldsymbol{R}$)　(2) $\dfrac{e^x+e^{-x}}{2}=\displaystyle\sum_{n=0}^{\infty}\frac{x^{2n}}{(2n)!}$　($\boldsymbol{R}$)

(3) $\dfrac{1}{2+x}=\displaystyle\sum_{n=0}^{\infty}\frac{(-1)^n}{2^{n+1}}x^n$　$(-2<x<2)$　(4) $\sin^2 x=-\dfrac{1}{2}\displaystyle\sum_{n=1}^{\infty}\frac{(-1)^n2^{2n}}{(2n)!}x^{2n}$ ($\boldsymbol{R}$)

(5) $\ln(2+x)=\ln 2+\displaystyle\sum_{n=1}^{\infty}\frac{(-1)^{n-1}}{2^n n}x^n$　$(-2<x\leqq 2)$

【5.12】 $f(x)\cos mx$，$f(x)\sin mx$ の積分を計算．

【5.13】 (1) $f(x)\sim\dfrac{2}{\pi}\displaystyle\sum_{n=1}^{\infty}\frac{1-(-1)^n}{n}\sin nx=\frac{4}{\pi}\sum_{n=1}^{\infty}\frac{\sin(2n-1)x}{2n-1}$

(2) $\dfrac{x^2}{4}\sim\dfrac{\pi^2}{12}+\displaystyle\sum_{n=1}^{\infty}\frac{(-1)^n}{n^2}\cos nx$　　(3) $f(x)\sim\displaystyle\sum_{n=1}^{\infty}\frac{2}{n}\sin nx$

(4) $|x|\sim\dfrac{\pi}{2}+\dfrac{2}{\pi}\displaystyle\sum_{n=1}^{\infty}\frac{(-1)^n-1}{n^2}\cos nx=\frac{\pi}{2}-\frac{4}{\pi}\sum_{n=1}^{\infty}\frac{\cos(2n-1)x}{(2n-1)^2}$

(5) $f(x)\sim\dfrac{1}{2}+\dfrac{1}{\pi}\displaystyle\sum_{n=1}^{\infty}\frac{1-(-1)^n}{n}\sin nx=\frac{1}{2}+\frac{2}{\pi}\sum_{n=1}^{\infty}\frac{\sin(2n-1)x}{2n-1}$

(6) $f(x)\sim\dfrac{\pi}{4}+\dfrac{1}{\pi}\displaystyle\sum_{n=1}^{\infty}\frac{(-1)^n-1}{n^2}\cos nx-\sum_{n=1}^{\infty}\frac{(-1)^n}{n}\sin nx$

$f(x)\sim\dfrac{\pi}{4}-\dfrac{2}{\pi}\displaystyle\sum_{n=1}^{\infty}\frac{\cos(2n-1)x}{(2n-1)^2}-\sum_{n=1}^{\infty}\frac{(-1)^n}{n}\sin nx$

(7) $f(x)\sim\dfrac{1}{\pi}+\dfrac{1}{2}\sin x-\dfrac{1}{\pi}\displaystyle\sum_{n=2}^{\infty}\frac{(-1)^n+1}{n^2-1}\cos nx$

$f(x)\sim\dfrac{1}{\pi}+\dfrac{1}{2}\sin x-\dfrac{2}{\pi}\displaystyle\sum_{n=1}^{\infty}\frac{\cos 2nx}{4n^2-1}$

(8) $f(x)\sim-\dfrac{\sin x}{2}+2\displaystyle\sum_{n=2}^{\infty}\frac{(-1)^n n}{n^2-1}\sin nx$

【5.14】(1) $f(x) \sim \dfrac{4}{\pi}\displaystyle\sum_{n=1}^{\infty}\dfrac{1-(-1)^n}{n}\sin nx = \dfrac{8}{\pi}\sum_{n=1}^{\infty}\dfrac{\sin(2n-1)x}{2n-1}$

(2) $f(x) \sim \dfrac{2}{\pi}\displaystyle\sum_{n=1}^{\infty}\left\{\dfrac{(-1)^{n+1}\pi^2}{n}+\dfrac{2((-1)^n-1)}{n^3}\right\}\sin nx$

(3) $f(x) \sim \dfrac{2}{\pi}\displaystyle\sum_{n=1}^{\infty}\dfrac{1+(-1)^n-2\cos\dfrac{n\pi}{2}}{n}\sin nx = \dfrac{4}{\pi}\sum_{n=1}^{\infty}\dfrac{\sin(4n-2)x}{2n-1}$

【5.15】(1) $f(x) \sim \dfrac{\pi}{2}+\dfrac{2}{\pi}\displaystyle\sum_{n=1}^{\infty}\dfrac{1-(-1)^n}{n^2}\cos nx = \dfrac{\pi}{2}+\dfrac{4}{\pi}\sum_{n=1}^{\infty}\dfrac{\cos(2n-1)x}{(2n-1)^2}$

(2) $f(x) \sim \dfrac{1}{2}+\dfrac{2}{\pi}\displaystyle\sum_{n=1}^{\infty}\dfrac{\sin\dfrac{n\pi}{2}}{n}\cos nx = \dfrac{1}{2}+\dfrac{2}{\pi}\sum_{n=1}^{\infty}\dfrac{(-1)^{n+1}}{2n-1}\cos(2n-1)x$

(3) $f(x) \sim \dfrac{e^{\pi}-1}{\pi}+\dfrac{2}{\pi}\displaystyle\sum_{n=1}^{\infty}\dfrac{e^{\pi}(-1)^n-1}{n^2+1}\cos nx$

【5.16】(1) $\tilde{f}(x) = f(x) = |x|$　(2) $\tilde{f}(x) = \begin{cases} -1 & (-\pi<x<0) \\ 0 & (x=0,\pm\pi) \\ 1 & (0<x<\pi) \end{cases}$

(3) $\tilde{f}(x) = \begin{cases} e^{x} & (-\pi<x<\pi) \\ \dfrac{1}{2}(e^{\pi}+e^{-\pi}) & (x=\pm\pi) \end{cases}$　(4) $\widetilde{f}(x) = f(x) = x^4+1$

(5) $\widetilde{f}(x) = \begin{cases} (x-\pi)^2 & (-\pi<x<\pi) \\ 2\pi^2 & (x=\pm\pi) \end{cases}$

【5.17】(1) $\pi-|x| = \dfrac{\pi}{2}+\dfrac{2}{\pi}\displaystyle\sum_{n=1}^{\infty}\dfrac{1-(-1)^n}{n^2}\cos nx \quad (-\pi \leqq x \leqq \pi)$

$$= \frac{\pi}{2}+\frac{4}{\pi}\sum_{n=1}^{\infty}\frac{\cos(2n-1)x}{(2n-1)^2} \quad (-\pi \leqq x \leqq \pi)$$

(2) $f(x) = \dfrac{4}{\pi}\displaystyle\sum_{n=1}^{\infty}\dfrac{1-(-1)^n}{n^3}\sin nx = \dfrac{8}{\pi}\sum_{n=1}^{\infty}\dfrac{\sin(2n-1)x}{(2n-1)^3} \quad (-\pi \leqq x \leqq \pi)$

(3) $e^{|x|} = \dfrac{e^{\pi}-1}{\pi}+\dfrac{2}{\pi}\displaystyle\sum_{n=1}^{\infty}\dfrac{e^{\pi}(-1)^n-1}{n^2+1}\cos nx \quad (-\pi \leqq x \leqq \pi)$

(4) $|\sin x| = \dfrac{2}{\pi}-\dfrac{2}{\pi}\displaystyle\sum_{n=1}^{\infty}\dfrac{1+(-1)^n}{n^2-1}\cos nx = \dfrac{2}{\pi}-\dfrac{4}{\pi}\sum_{n=1}^{\infty}\dfrac{\cos 2nx}{4n^2-1} \quad (-\pi \leqq x \leqq \pi)$

【5.18】(1) は x^2 のフーリエ展開，(2) は $|\sin x|$ のフーリエ展開を変形．

【5.19】(1) $\dfrac{\pi^2}{6}$　(2) $\dfrac{\pi^2}{8}$　【5.20】$\dfrac{\pi^2}{6}$　（(2) は $x=\pi$ を代入）

【5.21】(1) $\dfrac{\pi^2}{8}$　(2) $\dfrac{\pi^2}{12}$　【5.22】(1) $\dfrac{\pi^2}{12}$　(2) $\dfrac{\pi^4}{90}$ (3)　項別積分　(4) $\dfrac{\pi^6}{945}$

【5.23】(1) $f(x) \sim \dfrac{2}{\pi}\displaystyle\sum_{n=1}^{\infty}\dfrac{1-(-1)^n}{n}\sin n\pi x = \dfrac{4}{\pi}\sum_{n=1}^{\infty}\dfrac{\sin(2n-1)\pi x}{2n-1}$

(2) $|x| \sim \dfrac{1}{2} + \dfrac{2}{\pi^2}\displaystyle\sum_{n=1}^{\infty}\dfrac{(-1)^n-1}{n^2}\cos n\pi x = \dfrac{1}{2} - \dfrac{4}{\pi^2}\displaystyle\sum_{n=1}^{\infty}\dfrac{\cos(2n-1)\pi x}{(2n-1)^2}$

(3) $f(x) \sim \dfrac{4}{3} + 16\displaystyle\sum_{n=1}^{\infty}\dfrac{(-1)^n}{n^2\pi^2}\cos\dfrac{n\pi x}{2}$　　(4) $f(x) \sim \displaystyle\sum_{n=1}^{\infty}\dfrac{8}{n\pi}\sin\dfrac{n\pi x}{4}$

(5) $f(x) \sim \dfrac{4}{\pi^3}\displaystyle\sum_{n=1}^{\infty}\dfrac{1-(-1)^n}{n^3}\sin n\pi x = \dfrac{8}{\pi^3}\displaystyle\sum_{n=1}^{\infty}\dfrac{\sin(2n-1)\pi x}{(2n-1)^3}$

【5.24】(1) $f(x) \sim \dfrac{1}{3} + 4\displaystyle\sum_{n=1}^{\infty}\dfrac{(-1)^n}{n^2\pi^2}\cos n\pi x$

(2) $f(x) \sim \dfrac{\ell}{2} + \dfrac{2\ell}{\pi^2}\displaystyle\sum_{n=1}^{\infty}\dfrac{(-1)^n-1}{n^2}\cos\dfrac{n\pi x}{\ell}$

$f(x) \sim \dfrac{\ell}{2} - \dfrac{4\ell}{\pi^2}\displaystyle\sum_{n=1}^{\infty}\dfrac{1}{(2n-1)^2}\cos\dfrac{(2n-1)\pi x}{\ell}$　　(3) $f(x) \sim \dfrac{4}{\pi}\displaystyle\sum_{n=1}^{\infty}\dfrac{1}{n}\sin\dfrac{n\pi x}{2}$

【5.25】(1) $f(x) \sim \displaystyle\sum_{n=1}^{\infty}\dfrac{2\{1-(-1)^n\}}{n\pi}\sin\dfrac{n\pi x}{2} = \displaystyle\sum_{n=1}^{\infty}\dfrac{4}{(2n-1)\pi}\sin\dfrac{n\pi x}{2}$

(2) $f(x) \sim \dfrac{2}{\pi}\displaystyle\sum_{n=1}^{\infty}\dfrac{1+(-1)^n-2\cos\dfrac{n\pi}{2}}{n}\sin n\pi x = \dfrac{4}{\pi}\displaystyle\sum_{n=1}^{\infty}\dfrac{\sin(4n-2)\pi x}{2n-1}$

(3) $f(x) \sim \dfrac{8}{\pi^2}\displaystyle\sum_{n=1}^{\infty}\dfrac{\sin\dfrac{n\pi}{2}}{n^2}\sin\dfrac{n\pi x}{2} = \dfrac{8}{\pi^2}\displaystyle\sum_{n=1}^{\infty}\dfrac{(-1)^{n+1}}{2n-1}\sin\dfrac{(2n-1)\pi x}{2}$

【5.26】

(1) $f(x) \sim \dfrac{1}{2} + \dfrac{2}{\pi}\displaystyle\sum_{n=1}^{\infty}\dfrac{\sin\dfrac{n\pi}{2}}{n}\cos n\pi x = \dfrac{1}{2} + \dfrac{2}{\pi}\displaystyle\sum_{n=1}^{\infty}\dfrac{(-1)^{n+1}}{2n-1}\cos(2n-1)x$

(2) $f(x) \sim \dfrac{1}{2} + \dfrac{4}{\pi^2}\displaystyle\sum_{n=1}^{\infty}\dfrac{2\cos\dfrac{n\pi}{2}-1-(-1)^n}{n^2}\cos\dfrac{n\pi x}{2}$

$f(x) \sim \dfrac{1}{2} - \dfrac{8}{\pi^2}\displaystyle\sum_{n=1}^{\infty}\dfrac{1}{(2n-1)^2}\cos\dfrac{(4n-2)\pi x}{2}$

【5.27】(1) $\widetilde{f}(x) = f(x) = |x|$　　(2) $\widetilde{f}(x) = \begin{cases} -1 & (-1<x<0) \\ 0 & (x=0,\pm 1) \\ 1 & (0<x<1) \end{cases}$

(3) $\widetilde{f}(x) = \begin{cases} 0 & (-1<x<0) \\ 1/2 & (x=0,\pm 1) \\ 1 & (0<x<1) \end{cases}$　　(4) $\widetilde{f}(x) = \begin{cases} e^x & (-1<x<1) \\ \dfrac{e+e^{-1}}{2} & (x=\pm 1) \end{cases}$

【5.28】理由は 定理 5.13. (1) $x^2 = \dfrac{1}{3} + \dfrac{4}{\pi^2}\displaystyle\sum_{n=1}^{\infty}\dfrac{(-1)^n}{n^2}\cos n\pi x \quad (-1 \leqq x \leqq 1)$

【5.29】(1) $\sqrt{\dfrac{2}{\pi}}\,\dfrac{\sin w}{w}$　　(2) $\sqrt{\dfrac{2}{\pi}}\,\dfrac{\cos w - 1}{w}\,i$　　(3) $\dfrac{1}{\sqrt{2\pi}(1+iw)}$

(4) $i\sqrt{\dfrac{2}{\pi}}\,\dfrac{w\cos w-\sin w}{w^2}$

【5.30】(1) $\sqrt{\dfrac{2}{\pi}}\,\dfrac{w\sin w+\cos w-1}{w^2}$　(2) $-we^{-w^2/2}\,i$

(3) $(1-w^2)e^{-w^2/2}$　(4) $\dfrac{1}{\sqrt{2}}\exp\left(-\dfrac{w^2}{4}\right)$　(5) $\sqrt{\dfrac{2}{\pi}}\,\dfrac{w\sin w-\sin w}{w^2}e^{-iw}\,i$

[(1),(2),(3)　定理 5.15(3)　(4) 定理 5.15(5)　(5) 定理 5.15(4) を利用.]

【5.31】定理 5.15(7) を利用.

【5.32】(1) $\mathcal{F}_s[f](w)=\sqrt{\dfrac{2}{\pi}}\,\dfrac{\sin w-w\sin w}{w^2}$, $\mathcal{F}_c[f](w)=\sqrt{\dfrac{2}{\pi}}\,\dfrac{w\sin w+\cos w-1}{w^2}$

(2) $\mathcal{F}_s[f](w)=\sqrt{\dfrac{2}{\pi}}\,\dfrac{w}{1+w^2}$, $\mathcal{F}_c[f](w)=\sqrt{\dfrac{2}{\pi}}\,\dfrac{1}{1+w^2}$　(3) 例題と同様

(4) 偶関数拡張と奇関数拡張の和を利用.

【5.33】$k>0$ と $k=0$ に場合分けして微分方程式を解く.

【5.34】
$$
\begin{aligned}
u(t,x)&=\sum_{n=1}^{\infty}\frac{4\{1-(-1)^n\}}{n^3\pi^3}e^{-c^2n^2\pi^2t}\sin n\pi x\\
&=\frac{8}{\pi^3}\sum_{n=1}^{\infty}\frac{e^{-c^2(2n-1)^2\pi^2t}}{(2n-1)^3}\sin(2n-1)\pi x
\end{aligned}
$$

【5.35】(♯1) 定理 5.15 (3)　(♯2) 定理 5.15 (4)

(♯3) 問題 5.29 (1) , 定理 5.15 (5),(6) を利用.

索　引

著　者

石川(いしかわ)　恒男(つねお)　大阪工業大学　工学部
服部(はっとり)　哲也(てつや)　大阪工業大学　工学部
鎌野(かまの)　健(けん)　大阪工業大学
ロボティクス＆デザイン工学部

教科書サポート

正誤表などの教科書サポート情報を以下の本書ホームページに掲載する．

https://www.gakujutsu.co.jp/text/isbn978-4-7806-1125-0/

テキスト応用解析入門(おうようかいせきにゅうもん)

2018 年 3 月 30 日　第 1 版　第 1 刷　発行
2019 年 2 月 20 日　第 2 版　第 1 刷　発行
2023 年 3 月 30 日　第 2 版　第 3 刷　発行

著　者　石川(いしかわ)　恒男(つねお)　服部(はっとり)　哲也(てつや)　鎌野(かまの)　健(けん)
発行者　発田　和子
発行所　株式会社　学術図書出版社

〒113−0033　東京都文京区本郷 5 丁目 4 の 6
TEL 03−3811−0889　振替　00110−4−28454
印刷　三和印刷（株）

定価はカバーに表示してあります．

本書の一部または全部を無断で複写（コピー）・複製・転載することは，著作権法でみとめられた場合を除き，著作者および出版社の権利の侵害となります．あらかじめ，小社に許諾を求めて下さい．

© T. ISHIKAWA, T. HATTORI, K. KAMANO 2018, 2019
Printed in Japan
ISBN978−4−7806−1125−0　C3041